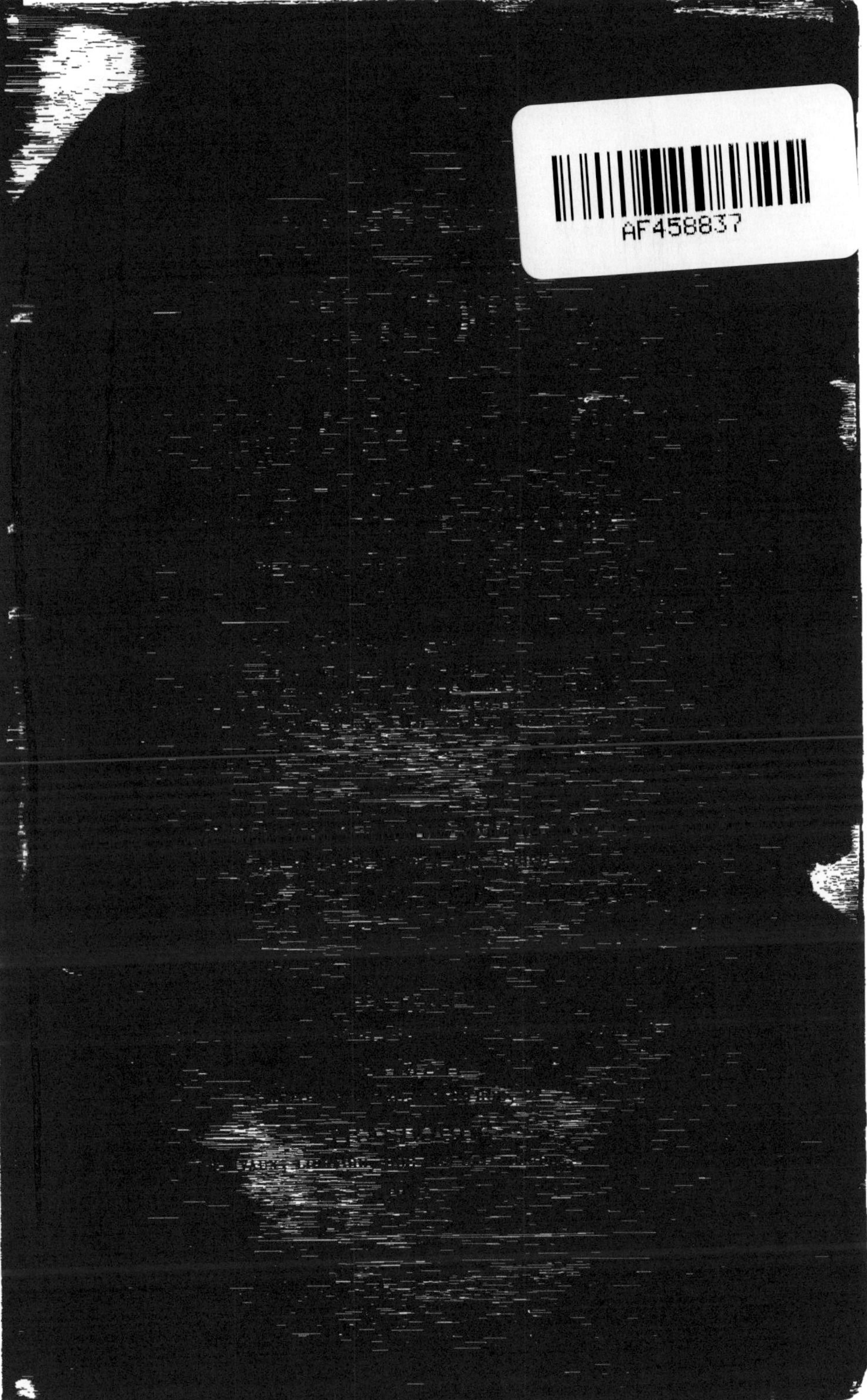
AF458837

ÉTUDE

SUR LE VÉSUVE

(SON HISTOIRE JUSQU'A NOS JOURS)

S 23796

S0068897

GÉOLOGIE GÉNÉRALE.

RÉACTIONS

DE

LA HAUTE TEMPÉRATURE

ET DES

MOUVEMENTS DE LA MER IGNÉE INTERNE

SUR LA CROUTE EXTÉRIEURE DU GLOBE

BIBLIOTHÈQUE IMPÉRIALE IMPR.

PAR

J. BOURLOT

Professeur de mathématiques pures et appliquées au Lycée impérial de Colmar,
Membre de la Société d'agriculture, sciences, arts et commerce de la Haute-Saône,
Membre du Comice agricole de Lille (Nord), de l'Académie nationale et de l'Association scientifique de Paris,
Membre de la Société d'émulation des Vosges et de la Société d'histoire naturelle de Colmar etc.

ÉTUDE SUR LE VÉSUVE

(SON HISTOIRE JUSQU'A NOS JOURS)

DÉPOT LÉGAL
Bas-Rhin
N° 14.
1867.

PARIS
LEIBER, LIBRAIRE-ÉDITEUR, RUE DE SEINE-SAINT-GERMAIN, 13
COLMAR
BARTH, LIBRAIRE, GRAND'RUE, 22
STRASBOURG
DERIVAUX, LIBRAIRE, RUE DES HALLEBARDES, 23
1867

STRASBOURG, TYPOGRAPHIE DE G. SILBERMANN.

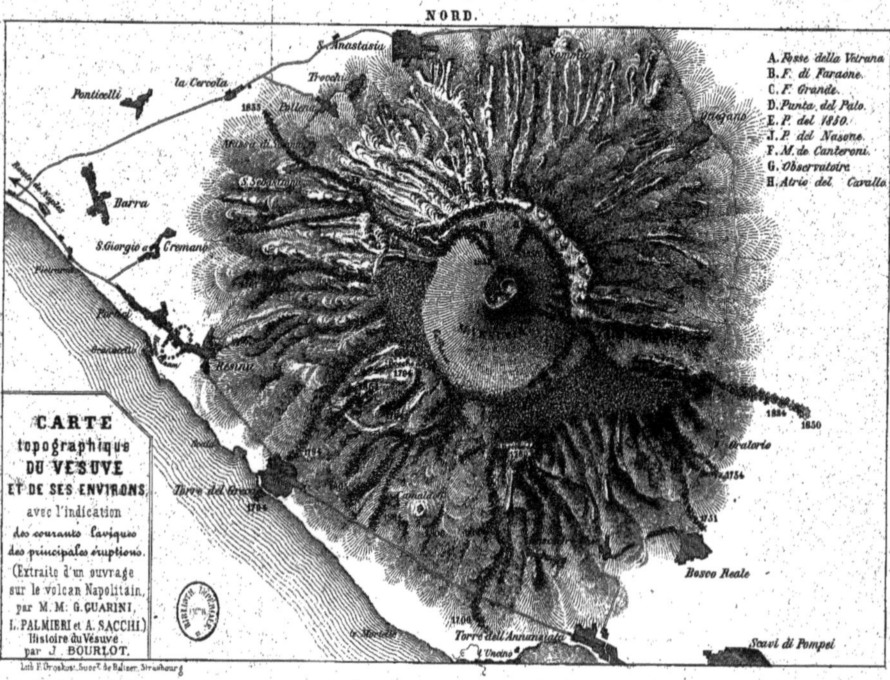

NORD.

A. Fosse della Vetrana
B. F. di Faraone.
C. F. Grande.
D. Punta del Palo.
E. P. del 1850.
J. P. del Nasone.
F. M. de Canteroni.
G. Observatoire
H. Atrio del Cavallo

S. Anastasia
Ponticelli
la Cercola
Trocchia
1855
Pollena
Barra
S. Giorgio a Cremano
Portici
Resina
Torre del Greco
1794
1834
1850
1754
1751
Bosco Reale
1760
Torre dell'Annunziata
Scavi di Pompei

CARTE
topographique
DU VÉSUVE
ET DE SES ENVIRONS,
avec l'indication
des courants laviques
des principales éruptions.
(Extraite d'un ouvrage
sur le volcan Napolitain,
par M. M: G. GUARINI,
L. PALMIERI et A. SACCHI.)
Histoire du Vésuve
par J. BOURLOT.

Lith F. Groskost, Succr. de Balzer, Strasbourg

PRÉFACE.

Nous intervertissons *forcément* l'ordre que nous avons indiqué pour la publication de nos études intitulées : *Réactions de la haute température et des mouvements de la mer ignée interne sur la croûte extérieure du globe.* D'après notre programme, en effet, nous devrions publier l'*Étude sur les tremblements de terre* et non l'*Histoire du Vésuve*. Mais un travail sur les tremblements de terre en général, pour n'être pas trop défectueux, demande la lecture attentive et l'analyse de renseignements nombreux. Or s'il est facile de se les procurer à ceux qui ont les ressources des riches bibliothèques de Paris, il n'en est pas de même pour ceux qui sont attachés à une ville de province. Donc, nous ne publions pas encore notre travail sur les tremblements de terre, parce que auparavant nous voulons avoir lu, étudié et analysé des historiens de ces sortes d'événements dont, jusqu'à présent, nous n'avons pu encore nous procurer les œuvres. Malgré les difficultés, le bon vouloir, la patience et la persistance aidant, nous arriverons à nos fins : nous l'espérons du moins.

Avant d'entrer en matière, nous croyons devoir confesser que jamais nous n'avons visité le Vésuve; jamais nous n'avons vu le théâtre des grandes scènes naturelles dont nous allons faire les récits. Cependant nous nous sommes facilement déterminé à *oser* entreprendre l'histoire du volcan napolitain, sur la foi des autorités choisies qui nous ont renseigné. Nous sommes dans le même cas que la plupart des historiens *proprement dits* : quel est celui qui se borne aux faits dont il a été témoin, qui se borne aux faits dont le théâtre lui est connu? Nous avouerons, et on nous croira sans peine, que si nous n'avons pas *vu* le mont dont nous racontons les *prouesses*, ce n'est pas que nous n'en ayons eu et que nous n'en ayons encore le plus vif désir. Mais si jusqu'à présent des circonstances diverses, indépendantes de notre vouloir, ne nous ont pas permis d'aller *voir*, nous espérons être plus heureux dans l'avenir. Alors, quand nous traiterons des volcans en général, nous dirons, sur le Vésuve, nos impressions, nos observations personnelles; alors aussi nous compléterons l'histoire d'aujourd'hui par l'addition des *découvertes* qu'auront amenées les recherches que nous continuons; alors encore nous ajouterons, en vue d'une théorie explicative, des faits d'une certaine valeur scientifique, que nous croyons devoir réserver pour ne pas faire trop longue l'histoire d'un seul volcan.

Colmar, le 2 janvier 1867.

BOURLOT.

HISTOIRE
DU VÉSUVE.

Notice sur les environs du Vésuve et description sommaire du volcan.

De tous les volcans le mont Vésuve est sans contredit celui qui, à raison de sa proximité, nous offre le plus d'intérêt. D'ailleurs c'est un de ceux dont les phénomènes ont été le mieux étudiés, sur lequel on a les observations les plus suivies, depuis déjà un assez grand nombre de siècles. Situé entre les Apennins et le golfe de Naples qui baigne pour ainsi dire son pied, il n'est éloigné de la ville napolitaine, et sensiblement à l'est, que de 8 milles d'Italie ou de 15 kilomètres environ. Sa position est fixée en coordonnées géographiques par une longitude de 12° et quelques minutes à l'est du méridien de Paris et une latitude boréale qui diffère très-peu de 41°.

Le Vésuve est l'un des accidents volcaniques d'un pays qu'on peut regarder comme une vaste plaine, appelée la *Campanie* ou bien encore la *Terre-de-Labour*, la *Terre-Heureuse*. Ces dernières dénominations semblent indiquer un pays privilégié par la nature, et en effet nulle part peut-être, sur toute la surface du globe terrestre, on ne rencontrerait des lieux plus favorisés que les campagnes qui avoisinent le mont Vésuve. Polybe de Mégalopolis, en Morée, en faisait, 150 ans avant l'ère chrétienne, une description enthousiaste, qu'il termine par cette idée : « Il est vraisemblable que les Dieux se sont disputés à qui d'entre eux doterait ces lieux de plus d'agréments et d'avantages. »

C'est qu'il est vrai de dire que l'ensemble forme un paysage délicieux, où l'on respire l'air le plus pur et le plus salubre; c'est que la terre y est couverte d'arbres fruitiers de toutes sortes, dont les produits le disputent, pour la saveur et le parfum, à ceux des régions tropicales les plus favorisées. On y récolte des olives, des grenades, des oranges, des citrons, que le commerce et la consommation recherchent et apprécient. Puis, sans parler des céréales, du riz et des productions de même genre, rentrant moins dans le domaine du luxe et constituant au pays une richesse réelle, qui ne sait que beaucoup de coteaux des environs donnent des vins que les poëtes ont jugés dignes de leurs chants? D'ailleurs les délices de Capoue en particulier n'ont-elles pas été rendues célèbres par l'histoire du carthaginois Annibal? Puis encore qui ne connaît ce dicton du Napolitain, en apparence emphatique : *Vedi Napoli e poi muori!* Quand on a vu Naples, on peut mourir! C'est que Naples n'est pas seulement une ville remarquable par les beautés artistiques de ses monuments et par les curiosités qu'elle réunit; c'est encore, c'est surtout le centre d'une région où sont distribuées avec profusion toutes les beautés naturelles, gracieuses ou grandioses; où se cultivent et se récoltent tous les fruits de la terre qui rendent la vie matérielle facile et agréable, sous un ciel toujours bleu.

Ce qui dit bien haut et incontestablement la beauté et la bonté des plaines de la Campanie, c'est que, depuis les temps historiques les plus reculés, la possession de ce pays a excité la convoitise des peuples conquérants.

Les *Opici* et les *Ausones* qui s'en étaient emparés, en ont été chassés par les *Osci*, qui à leur tour ont dû céder la place aux *Cymæi*, venus de l'Eolie, douze siècles avant notre ère. Les Cymæi, après avoir fondé douze villes et donné Capoue pour capitale à leurs possessions, ont dû se soumettre aux *Samnites*, et ceux-ci ont été asservis ou absorbés par les Romains.

On comprendra cette convoitise si l'on considère que le sol et le climat donnent, pour ainsi dire d'eux-mêmes, le luxe signalé de produits végétaux de toutes sortes. Car ce n'est pas comme dans la plupart des autres pays cultivés, où la terre ne récompense que le travail du cultivateur et la sueur dont il arrose ses champs. Ceci explique, en partie, s'il ne la justifie, la disposition proverbiale au *far niente*, qui caractérise le peuple napolitain, cette insouciance et cette paresse à laquelle il se livre avec tant de délices.

Si la pureté du ciel et l'excellence du climat doivent être comptés comme entrant pour une bonne part dans la cause complexe de la fécondité du sol campanien et de la qualité exceptionnelle de ses produits, ne peut-on pas admettre que la volcanicité de la région est aussi pour une part dans cette cause générale? On a pu constater en effet, par l'observation, que les produits des volcans, cendres et laves, mélangés à l'humus ou à la terre végétale, lui donnent, au moins après un certain temps, une grande force de production. Puis, n'est-il pas possible que la cause souterraine des faits volcaniques, qui est essentiellement une source de chaleur, agisse par sa température propre, d'une façon efficace, sur les terrains qui portent les végétaux?

Quoi qu'il en soit, les faits vésuviens ne sont pas les seules manifestations de la volcanicité dans la Campanie. Partout les terres arables présentent, même souvent à leur surface, une composition qui indique la présence de déjections volcaniques; partout le sous-sol montre, soit par la composition de ses roches, soit par des disséminations de matériaux d'origine éruptive, soit par les dispositions des couches solides ou meubles, que ces lieux ont été fréquemment travaillés par des bouleversements dus à la cause interne. Citons quelques-unes des accidentations qui attestent plus manifestement encore des actions plutoniques plus ou moins anciennes : c'est le lac *Averne*, dont les eaux n'émettent plus cependant, comme au temps de Virgile, les vapeurs empoisonnées dont parle le poëte; c'est la *Solfatare*, autrefois *Phlægra* ou *Forum vulcani*, volcan aujourd'hui éteint ou au repos; c'est le lac d'*Agnano*, bouillonnant à froid par les gaz qui s'échappent de ses eaux; c'est le *Fusaro*, l'*Achéron* des poëtes, qu'on peut aujourd'hui traverser et retraverser impunément, depuis que *Caron* n'y est plus passeur; c'est *Baïa* ou *Baies*, dont le sol est aride et brûlé, le mont *Pausilippe*, la *Grotte de Pouzzole*, le *Monte-Nuovo*, dont nous parlerons etc. etc., tous lieux où la volcanicité ancienne ou moderne est d'une évidence qui frappe les yeux les moins exercés. Et d'ailleurs la fréquence des tremblements de terre, qui non-seulement bouleversent la Campanie, mais agitent et renversent les villes au nord de cette région, fracassent les montagnes et bouleversent les plaines des Calabres au sud, disent assez que les forces souterraines ont leur siége permanent sous une surface considérable de ces contrées. Il est admis en effet que l'Italie méridionale et la Sicile font partie d'un ensemble ou d'un sytème volcanique qui s'étend de l'Archipel grec à Lisbonne et au delà.

Au-dessus donc des plaines fortunées de la Campanie s'élève le mont Vésuve, montagne à trois têtes ou à trois sommets, dont la base a un développement de 45 kilomètres à peu près de circonférence. L'un des sommets, le moins éloigné de Naples, est le cône vésuvien proprement dit; au nord-est de celui-ci est le deuxième sommet, appelé *Somma*, et à l'est, caché pour Naples par le premier, s'élève le troisième sommet appelé *Ottajano*. La Somma et l'Ottajano doivent leurs noms à ceux de petites villes qui sont sur les pentes opposées au cône éruptif, au Vésuve proprement dit. Ces trois sommets ont-ils appartenu à une montagne unique, travaillée et divisée par les éruptions? L'opinion la plus probable est celle qui admet l'affirmative comme réponse à cette question. Quoi qu'il en soit, le sommet éruptif est actuellement séparé des monts Somma et Ottajano par un sillon à peu près demi-circulaire, qu'on appelle le *Vallon* ou l'*Atrio del Cavallo*. Du reste, ce commencement de description de la figure de la montagne, en haut, sera complété par la carte topographique qui accompagne le texte, ainsi que par les détails dans lesquels nous entrerons.

A l'imitation de Della Torre, historien ancien du Vésuve, nous allons commencer par l'indication des chemins que l'on suit d'habitude, lorsque, de Naples, on veut faire l'ascension du volcan. Ces chemins, aujourd'hui les mêmes sensiblement que ceux entre lesquels ont eu à choisir dans le passé les touristes et les visiteurs, ont sans doute été modifiés par des accidentations qu'ont produites les éruptions; mais ces changements n'ont porté que sur des fractions minimes de la longueur à parcourir, et sont des détails ici presque sans valeur. Les chemins sont au nombre de trois.

Pour qui part de Naples, le chemin le plus commode est celui de Saint-Sébastien, village situé à 5 milles de Naples, où l'on arrive très-facilement. De là, après un trajet d'un peu plus de 2 milles, on est à l'Hermitage-du-Sauveur ou de Saint-Janvier; puis, en un quart d'heure de marche, on est au Vallon, dont nous avons déjà parlé. Jusqu'ici, à quelques laves près, résultant des éruptions passées, le terrain et ses accidentations ressemblent au terrain et aux accidentations de la plupart des montagnes, et l'on a rencontré une végétation naturellement variable de la base à la hauteur où l'on est arrivé, mais la végétation existe. Au Vallon, ce n'est plus qu'un sol brûlé, soit par les laves, soit par la fumée du volcan que les vents y font tournoyer. De rares touffes d'une herbe malade se voient çà et là sur les pentes abruptes de la Somma et d'Ottajano, qui le bordent d'un côté; mais c'est en vain qu'on chercherait un végétal sur la déclivité du volcan qui limite le Vallon d'autre part. Ici, les parois latérales de l'enceinte demi-circulaire apparaissent comme des roches fuligineuses et même presque noires, qui jéttent leurs teintes sombres sur tout le Vallon. Du Vallon on peut arriver au sommet de l'ourlet qui borde le cratère, lorsque toutefois le volcan n'est pas en convulsion; mais cette portion du parcours est toujours très-pénible et souvent dangereuse.

Par un deuxième chemin que suivent souvent les visiteurs, on va d'abord de Naples à Résina, en suivant une grande route qui longe le golfe. On monte ensuite à Notre-Dame-de-Pugliano et l'on est à 5 milles de Naples, puis, à 3 milles plus loin, on arrive à l'Hermitage-du-Sauveur. D'ici, au lieu de s'engager dans le Vallon, on prend, du côté opposé, une espèce de plate-forme, qui ne paraît telle toutefois que par comparaison avec la pente qui précède et celle qui suit; cette plate-forme a été nommée le *Piane* et continue l'*Atrio del Cavallo*. A partir du Piane, de même qu'à partir de l'Atrio, l'ascension devient très-pénible; car on est obligé de grimper par un chemin de pierres, de sables et de cendres, pour arriver au sommet du Vésuve.

Un troisième chemin, aussi fréquenté, passe du côté d'Ottajano. On va d'abord toujours le long du golfe jusqu'à la Tour-du-Grec (*Torre del Greco*); on tourne la montagne, en laissant à gauche la colline des Camaldules; puis d'Ottajano on monte à l'Atrio del Cavallo. D'ici, comme par les chemins précédemment indiqués, on grimpe péniblement au sommet du volcan. Ce dernier chemin, beaucoup plus long et plus pénible que les deux autres, a été rendu souvent impraticable, barré par les laves; mais il offre des points de vue très-variés et tout différents de ceux qu'on a de chacun des deux autres chemins.

L'aspect de la montagne change avec le lieu d'où on l'examine; il en est ainsi à mesure qu'on s'éloigne de Naples, dans la direction de *Bosco-tre-Case* par exemple. D'abord, de Naples, le volcan cache Ottajano et l'on voit le mont Somma se détacher à gauche. Lorsqu'on a dépassé un peu la Tour-du-Grec, la Somma et Ottajano sont masqués par le Vésuve, et le mont semble n'avoir qu'un seul sommet. Puis, à mesure qu'on approche de Bosco-tre-Case, on voit Ottajano se détacher vers la droite. De la ville d'Acerra, de Nole ou de la terre d'Ottajano, on n'aperçoit que les monts Somma et Ottajano, qui semblent ne former qu'une seule masse dont le Vésuve est masqué. On aperçoit presque toujours une colonne de fumée, qui couronne le sommet et qui, pour les lieux qui viennent d'être cités, semble s'élancer des monts Somma et Ottajano.

L'ascension au Vésuve se fait d'abord par une pente très-douce, jusqu'à la moitié à peu près de la distance de la base au Piane ou à l'Atrio del Cavallo; puis, jusqu'à l'une de ces dernières stations, la pente est plus rapide et plus accidentée de roches; mais encore le chemin est très-praticable et n'est qu'exceptionnellement embarrassé de difficultés réelles. Enfin, ou du sol du Piane, ou de celui de l'Atrio del Cavallo, la pente est excessivement raide et le sol caillouteux, ou de gravier, ou de cendres sur lequel on marche, n'offrant pas de points bien fixes à l'appui des pieds, l'ascension devient dès lors très-pénible et quelquefois dangereuse.

Voici, d'après Della-Torre, quelques mesures de dimensions qu'on lira peut-être avec intérêt. Le périmètre du mont à triple tête, mesuré à sa base ou à sa rencontre avec le sol de la plaine, serait de 24 milles d'Italie, c'est-à-dire de près de 45 kilomètres. Le Vallon et l'Atrio del Cavallo, formant ensemble une espèce de plate-forme qui entoure le volcan proprement dit, ont un développement en longueur de 36,856 pieds (11 kilomètres à peu près) et ce développement est la circonférence du Vésuve à sa base, prise au niveau du Piane et de l'Atrio, dont chacun a sensiblement la moitié de ce contour. Le plancher de l'Atrio, qui est une couronne demi-circulaire, ainsi que la plate-forme du Piane, ont une largeur moyenne de 2220 pieds, environ 720 mètres. La longueur de la déclivité, du niveau de la plate-forme au sommet, est de 2130 pieds, ou 690 mètres. Ajoutons que la hauteur verticale du point le plus élevé au-dessus du niveau de la mer est de 1198 mètres, ou très-peu moins de 1200 mètres.

Par quelque chemin qu'on fasse l'ascension du Vésuve, on rencontre d'abord une riche végétation, et là, comme partout ailleurs, la flore se modifie à mesure qu'on s'élève, mais le sol du Piane et celui de l'Atrio sont tout à fait stériles. Suivant Della Torre, ou plutôt d'après la tradition sur laquelle il s'appuie, ces deux dernières plates-formes auraient été jusqu'en 1631 assez couvertes d'herbe pour servir de pâturage, et même, d'après cet observateur, c'est à cette circonstance que serait dû le nom d'Atrio del Cavallo, donné par les anciens à ces lieux de halte, les visiteurs devant, pour continuer leur ascension, laisser là leurs chevaux devenus impossibles. Il est inutile de rappeler que les flancs du Vésuve proprement dits sont d'une stérilité absolue, de la plate-forme au sommet. Ils sont d'ailleurs couverts de pierres, de sable, de cendres, et on y aperçoit de nombreuses déchirures, par lesquelles la lave s'est écoulée, comme nous aurons occasion de le redire.

Lorsqu'on a atteint le sommet de la déclivité, au lieu de rencontrer un terrain plat, une sorte de plateau, comme à la partie supérieure des autres montagnes, on se trouve sur une espèce d'ourlet, ou plutôt sur le rebord d'une vaste *chaudière*, *la Calderona*. Ce rebord a une circonférence de 5624 pieds ou 1828 mètres, et sa largeur de 3, 4, 5 et même 6 palmes, c'est-à-dire de 0m,83 à 1m,65, permet de le parcourir assez facilement. Toutefois il n'a pas partout une hauteur uniforme et des éruptions en ont même renversé et détruit certaines portions. C'est du côté de Résina que l'ourlet ou la margelle a la moindre hauteur. En somme, il limite un gouffre, un vaste amphithéâtre, dont la profondeur variable surpasse généralement 100 pieds ou 33 mètres, lorsqu'on la prend des sommets où l'ourlet a été conservé. Les parois intérieures de cette cavité sont presque verticales, mais cependant on peut descendre au fond du gouffre, parce que des rochers s'avancent par ci par là, en dedans de la paroi interne. L'entreprise, toutefois, n'est pas sans offrir des dangers sérieux, et son succès exige que l'on porte une grande attention et que l'on prenne de sévères précautions.

Le sommet de la montagne a dû nécessairement varier beaucoup dans sa forme, et la tradition écrite constate qu'en effet il en a été ainsi. Du temps de Strabon, et à plus forte raison, paraît-il, dans les temps antérieurs, tout le mont était couvert d'herbes et d'arbrisseaux; le sommet seul était presque stérile. Alors le gouffre ou cratère n'existait pas; c'était un petit plateau sensiblement au niveau du rebord actuel dans les points culminants de celui-ci, où l'on rencontrait des cavernes dans lesquelles débouchaient des conduits venant de l'intérieur de la montagne, et, comme le dit Strabon, des rochers calcinés par le feu. Plutarque nous apprend que, dans les parties *non brûlées*, il croissait beaucoup de vignes sauvages. C'est seulement plus tard que la partie centrale du plateau a été abîmée sous les convulsions du volcan, et que le sommet a pris peu à peu la forme d'une vaste et horrible chaudière, limitée par la margelle dont nous avons parlé : c'est cette chaudière, la *calderona*, qu'on appelle *cratère d'éruption*.

Donc la profondeur du cratère a dû varier considérablement : quelquefois de 150 pieds ou 48 mètres, elle a diminué, le cratère se remplissant en partie des matériaux venus de l'intérieur du mont ; puis elle a de nouveau augmenté, soit qu'il y ait eu absorption de ces matériaux, soit qu'ils aient été, au contraire, projetés au dehors, comme il est arrivé dans les éruptions violentes. L'histoire des éruptions ou des incendies, comme disent les Italiens, nous fournira des occasions de revenir sur ces détails, ainsi que sur les états différents du fond du cratère, dont nous allons cependant dire quelques mots. — D'abord c'est toujours un plancher raboteux couvert d'écumes volcaniques, de pierres, de cendres et des divers produits du volcan. Quelquefois, sauf les rugosités, de dimensions insignifiantes relativement à l'étendue de la cavité, le plancher a été horizontal, présentant par ci par là les orifices béants de gouffres profonds, qui vomissaient de la fumée et laissaient cependant apercevoir, à de grandes profondeurs, des matières incandescentes et en ébullition, comparables pour l'aspect à de la fonte ou à du cristal en fusion. A d'autres époques, les matières lancées par les gouffres, retombant autour de ceux-ci, ont formé dans le cratère une ou plusieurs petites montagnes coniques percées suivant leurs axes. Le plus ordinairement cependant il n'y a qu'un cône de déjections, qui s'accroît à mesure que les éruptions se continuent, apparaît au-dessus de l'ourlet, finit même par remplir le cratère, et alors ses pentes continuent celles du rebord. Puis il arrive qu'une forte convulsion détruit la montagne adventive et rétablit les choses dans un état qui ressemble plus ou moins à l'un des états précédents. Ces diverses alternatives se sont produites bien des fois depuis que l'histoire a enregistré les faits relatifs au volcan : nous aurons à les signaler en donnant les détails des éruptions successives.

Chronique du Vésuve jusqu'à l'an 79 de notre ère.

Chacun sait que le Vésuve est le théâtre de phénomènes très-irrégulièrement périodiques et souvent terribles que l'on appelle *éruptions volcaniques;* mais à quelle époque remonte la première éruption? C'est ce que personne ne saurait dire. Toutefois, bien que l'histoire ne donne pas de date qui remonte beaucoup plus haut que l'origine de l'ère chrétienne, on peut affirmer que le Vésuve a été ignivome bien des siècles avant l'époque où des monuments écrits le signalent à l'attention. La description des lieux, faite par les auteurs les plus anciens qui en ont parlé, nous le dit assez, et l'état ainsi que la composition du sol et du sous-sol nous le dit plus haut encore. Il est donc présumable que longtemps avant l'époque historique, même avant l'apparition de l'homme sur la terre, le Vésuve a lancé déjà dans les airs ses immenses artifices. Cependant, si nous lisons l'histoire, elle ne nous dit pas que, depuis l'époque de la première colonisation de l'Italie méridionale par les Grecs, le Vésuve ait donné des signes violents de son caractère volcanique. Bien plus, Pline le naturaliste ne fait pas figurer ce mont parmi ceux des volcans actifs dont il donne le catalogue. Est-ce que, à la suite d'une période plus ou moins longue, plus ou moins violente, ou même d'une série de périodes actives, le Vésuve aurait passé par un temps de repos et de calme? Ou bien, est-ce que l'histoire de ces temps reculés aurait négligé d'enregistrer des faits auxquels elle n'attachait pas l'importance que nous y attachons? Quoi qu'il en soit, voici ce que nous trouvons dans les relations écrites.

Lucrèce, qui écrivait 65 ans avant Jésus-Christ, donne le Vésuve comme un exemple de lieux *avernes*, c'est-à-dire de lieux au-dessus desquels les oiseaux ne peuvent passer sans périr asphyxiés. Ainsi, du temps de Lucrèce et antérieurement, les cavernes et les fissures de la montagne lançaient ou au moins laissaient s'échapper dans l'atmosphère des gaz méphitiques, capables d'asphyxier les animaux qui les respiraient.

Diodore, de Sicile, contemporain de César et d'Auguste, écrivait, 25 ans avant la naissance de Jésus-Christ, les voyages d'Hercule et ses combats avec les géants dans les champs phlégréens; il dépeignait dans son œuvre le mont Vésuve comme une éminence semblable à l'Etna de la Sicile, qui, après avoir vomi des flammes en abondance, aurait conservé des traces de son antique embrasement. Cet auteur donne le nom de *champs phlégréens*, *champs travaillés par le feu*, à tout l'espace compris entre *Cumes* et *Neapolis*, tandis que Polybe avait appliqué la dénomination à l'espace plus vaste encore compris de *Capoue* à *Nola*.

Strabon, géographe célèbre du temps d'Auguste et de Tibère, mourut sous ce dernier empereur à l'âge de 90 ans, 99 ans après que Spartacus s'était retranché sur le Vésuve. Ses écrits, qui datent de 17 ans avant Jésus-

Christ, ne mentionnent pas qu'il ait eu connaissance d'éruptions antérieures. Il parle des eaux minérales chaudes des environs de Naples comme d'indices de l'existence de feux souterrains. Puis, plus loin, à propos d'Herculanum et de Pompéi : « Ces lieux, dit-il, sont dominés par le Vésuve, qui a pour ceinture les champs les plus fertiles. Mais le sommet du mont, qui est un plateau à peu près uni, est complétement stérile et a l'aspect d'un monceau de cendres. Au milieu de rochers de couleurs sombres, qui paraissent avoir été travaillés et teints par le feu, on aperçoit des cavernes à parois lézardées, de couleurs fuligineuses et des crevasses béantes qui présentent le même aspect désolé. On serait tenté de croire que ces lieux ont brûlé jadis et qu'ils renfermaient des cratères enflammés, où l'incendie s'est éteint, faute d'aliment. » La description de Strabon ne mentionne pas de cône de cendres percé suivant son axe, ni la dépression en forme de cratère, dont les remparts cependant auraient pu servir de défense à Spartacus et à ses gladiateurs.

Strabon a aussi décrit comme *volcanique* la contrée voisine de Puteoli (Dicæarchie), où est située la grande *Solfatare* appelée Ηφαιστου ἀγορά : c'est à cette contrée qu'on a fini par limiter la dénomination de φλεγρᾶια πεδια.

Marc-Vitruve Pollion, savant architecte, intendant des machines de guerre sous Jules César, donnait, 15 ans avant Jésus-Christ, son remarquable traité d'architecture, qu'il dédia plus tard à César-Auguste. Nous ne pouvons résister à la tentation de donner la traduction, un peu libre toutefois, du passage que l'on y trouve sur le Vésuve et surtout sur la composition du sol des environs : c'est dans le liv. II, chap. VI de l'ouvrage cité. « Dans le pays de Baïa et dans les champs des Municipes qui avoisinent le Vésuve, on trouve, dit-il, une espèce de poussière ou de terre qui donne naturellement lieu à des effets admirables. Qu'on mêle cette substance avec de la chaux et du gravier, on obtient un mortier qui non-seulement fait très-solides les édifices ordinaires, mais encore forme des massifs qui, sous les eaux douces et même sous les eaux salées, se durcissent. Il est présumable qu'il en est ainsi parce que sous la montagne et dans le sol de ces lieux se trouvent des sources ardentes, qui n'y existeraient pas sans la présence de masses enflammées de soufre, d'alumine ou de bitume. En conséquence, le feu et les vapeurs enflammées, consumant une partie de la matière du sol, rendent la terre légère, et il se produit un *tuf* poreux et privé d'eau. Aussi, lorsque les trois éléments, tuf, chaux et graviers, après avoir été travaillés de la même manière par l'action du feu, sont mélangés et mis en présence de l'eau, ils se prennent en une masse cohérente, que n'attaquent ni la puissance mécanique des flots ni le pouvoir dissolvant de l'eau. » Ajoutons que Vitruve n'exagère pas la solidité des masses produites par le ciment dont il décrit la composition. Pouzzole, Baïa, Naples et leurs environs offrent de nombreux échantillons de vieux murs ainsi construits, où des briques sont jointes par cette espèce de ciment et font corps avec lui depuis des siècles, sans que l'action des vagues sur les murs submergés ni le travail du frottement aient réussi à diviser ces masses. On emploie même comme pierres de construction des pièces d'anciens murs que l'on coupe en parallélipipèdes.

L'existence d'incendies souterrains dans ces lieux, dit encore Vitruve, est démontrée par les excavations qu'y ont produites des exhalaisons qui, par leur température élevée, ont perforé le sol de bas en haut et se sont fait jour au dehors. En effet, la tradition enseigne que les ardeurs autrefois plus fortes des foyers sous-vésuviens ont fait vomir au volcan des matériaux enflammés sur les champs environnants. D'ailleurs, dit-il en outre, ce n'est qu'aux environs de l'Etna que l'on rencontre des substances qui jouissent des mêmes propriétés, et que les terrains offrent les mêmes caractères.

Nous aurions pu extraire des auteurs anciens beaucoup d'autres citations; mais elles ne seraient pour la plupart que des répétitions et n'apprendraient rien qui ne se trouve dans les précédentes. Celles-ci suffisent d'ailleurs pour ne laisser aucun doute sur ce fait que, longtemps avant l'ère chrétienne, le mont Vésuve doit avoir eu de ces éruptions qui, bien des fois depuis, ont jeté l'épouvante dans ses environs. Mais nulle part, comme nous l'avons dit, on ne trouve le récit ni la date d'aucun de ces faits.

N'est-il pas remarquable que les écrivains qui parlent du Vésuve au commencement de notre ère, en disent ce que nous disons nous-mêmes aujourd'hui des volcans naturellement éteints de l'Auvergne et du Vivarais? Si le Vésuve s'est éteint, puis rallumé, après une longue période de calme, oserait-on affirmer que nos volcans sont morts et ne sont pas seulement assoupis? Est-il irrationnel de craindre qu'ils ne puissent un jour reprendre l'activité ancienne dont leurs pentes montrent des témoignages incontestables? Mais laissons de côté les conjectures pour passer au récit des événements décrits et bien constatés, pour le volcan napolitain.

La première relation et la première date d'un fait défini, nous les devons à Sénèque, qui vécut sous Claude Néron, et raconte ainsi un tremblement de terre qui secoua les environs du Vésuve, l'an 63 de Jésus-Christ : « Nous avons appris, écrit-il à Lucilius, que la ville de Pompéi (Pompeios) a été renversée et engloutie par un tremblement de terre, et que quelques régions limitrophes ont souffert par cet événement. Le fait a eu lieu dans la saison d'hiver, c'est-à-dire, à une époque de l'année où nos ancêtres se croyaient à l'abri d'une semblable catastrophe. C'est aux nones de février, sous le consulat de Régulus et de Virginius, qu'eut lieu ce mouvement du sol, qui a ravagé toute la Campanie jusqu'alors exemptée d'un semblable fléau, quoiqu'elle en fût toujours menacée. Une partie d'Herculanum a été ruinée, et ce qui en reste, conserve peu de solidité. La colonie de Nocera aussi n'a pas été sans souffrir quelques dommages, et à Naples même beaucoup de maisons particulières ont été renversées; mais dans cette dernière ville aucun monument public n'a succombé. Quant aux villas éparses dans les environs, elles ont tremblé, mais ont résisté. »

Dans le récit de Sénèque, on vient de le voir, rien ne dit qu'il y ait eu alors une éruption proprement dite du Vésuve; mais on y voit clairement que les tremblements du sol sont des faits dont la Campanie avait été souvent le théâtre, sans avoir eu jusqu'alors à en souffrir de grands dommages. Peut-être ce tremblement de l'an 63 n'était-il qu'un des avant-coureurs de la fameuse éruption de l'an 79, où Pline l'ancien trouva la mort, et dont nous tirerons le récit de deux lettres que Pline-le-Jeune, son neveu, adresse à Tacite.

Avant d'entrer dans les détails historiques relatifs à chaque éruption, jetons un coup d'œil général sur la chronologie des faits les plus remarquables du Vésuve. De ce coup d'œil, histoire abrégée du Vésuve depuis l'origine de notre ère, nous pourrons tirer occasion de faire quelques observations qui ne sont pas sans importance, puisqu'elles concerneront les durées des repos du volcan et les fréquences de ses éruptions dans les divers siècles de notre ère.

La première éruption enregistrée par l'histoire est donc celle de l'an 79, et, nous le verrons, c'est par une terrible catastrophe que s'est annoncé le réveil du volcan. Après 124 ans de repos, arrive l'éruption assez terrible de l'an 203, et peut-être y a-t-il eu dans l'intervalle, en 110, une petite éruption dont parlent Dion Cassius, Galenus, Eutrope etc. sans donner de détails. Le volcan reste calme pendant 269 ans, de 203 à 472, et à cette dernière date il se fait un nouvel incendie, presque inoffensif, quoi qu'en dise le récit exagéré de Sigonius. Mais 40 ans plus tard, en 512, une éruption désastreuse semble nécessiter pour le volcan un repos de 173 années, qui encore n'est terminé que par l'éruption peu terrible de 685. Ensuite il y a un long repos de 308 ans, et ce n'est qu'en 993 qu'une sixième catastrophe porte l'épouvante jusqu'à Rome. Puis, en 1036, en 1049, en 1138 et 1139, des éruptions médiocres viennent rappeler que les feux souterrains ne s'éteignent pas. Suivent un repos de 167 ans, terminé par l'éruption de 1306; un nouveau repos de 194 ans, auquel met fin l'éruption de 1500; un troisième repos de

131 ans, dont le réveil est la très-violente et très-désastreuse éruption de 1631. A la suite de cette dernière date, les périodes de calme n'ont des durées que d'un petit nombre d'années ou de mois, et les éruptions, surtout depuis un siècle, se succèdent, sans qu'il y ait presque d'interruptions. Les détails seront donnés dans l'historique des faits : ici, pour l'objet que nous nous y proposons, ils seraient complétement inutiles. Nous voulions seulement arriver à faire observer ceci, c'est que les durées des temps de calme sont devenues de plus en plus courtes depuis l'origine de notre ère ; c'est que, conséquemment, le nombre des éruptions, dans les deux derniers siècles, est de beaucoup plus considérable que celui des dix-sept qui ont précédé. Que conclure de cette observation ? Est-ce que le Vésuve croîtrait en activité et tendrait à devenir une montagne continuellement ignivome ? Ou bien faut-il admettre que l'histoire aurait omis de consigner dans ses annales des phénomènes d'éruption qui auraient eu lieu pendant quelques-uns au moins de ces longs intervalles de repos que nous avons signalés à l'attention ? Nous ne nous permettrons pas d'opter entre ces deux explications également admissibles.

Ces généralités étant exposées, nous allons entrer dans quelques détails de description sur les éruptions les plus remarquables par leurs effets désastreux : nous nous contenterons, pour les autres, de signaler ce que nous trouverons, par rapport aux premières, de différences dignes d'être notées.

Première éruption

OU DE L'AN DE JÉSUS-CHRIST 79.

(HISTORIENS : Pline, Plutarque, Florus, Suétone, Dion-Cassius, Eutrope, Jean Zonata etc.).

La première et l'une des plus désastreuses éruptions dont les détails nous soient parvenus, c'est, avons-nous dit, celle de 79, qui nous est racontée d'abord par Pline-le-Jeune. Nous allons prendre le récit qu'il en fait dans deux lettres à Tacite. Nous ne le suivrons pas mot à mot ; mais nous éviterons d'omettre les faits intéressants, surtout au point de vue de la science.

Dans la première de ces lettres, Pline répond à la demande que lui a adressée Tacite, d'être informé des circonstances de la mort de Pline-l'Ancien, oncle de celui qui répond. Voici en substance ce que nous trouvons dans la première lettre.

Vers une heure de l'après-midi du 23 août 79, Pline-l'Ancien, commandant de la flotte romaine à Misène, est informé de l'apparition d'un nuage d'une figure extraordinaire et d'une grandeur inusitée. Il monte en un lieu d'où il peut facilement examiner le prodige ; cependant il lui est difficile de reconnaître sur quelle montagne il s'appuie, et ce n'est que plus tard qu'on a su qu'il portait sur le Vésuve. Ce nuage s'élançait d'abord très-haut, comme un tronc cylindrique, et de son sommet partaient un certain nombre de longs rameaux divergents, ce qui le faisait ressembler à un arbre immense et plutôt à un pin qu'à tout autre arbre. Il variait dans sa coloration, paraissant tantôt blanc, tantôt noir et tantôt d'une autre couleur, ce qui pouvait tenir à la nature des matières pulvérulentes en suspension, cendre ou terre, dont il était formé.

Pline juge avec raison le phénomène digne d'être observé de plus près. En conséquence il fait appareiller sa frégate légère, et, malgré les supplications des troupes romaines qui viennent de Rétines où elles stationnaient, le conjurer de les mettre à l'abri d'un danger redoutable, en les éloignant par la mer, il persiste dans la résolution de se diriger vers le point que chacun veut fuir. D'ailleurs il n'est plus mû seulement par l'attrait d'une simple curiosité ; mais il veut savoir si les nombreux et beaux villages de la côte où est Rétines, n'ont pas besoin des secours qu'il pourrait leur donner. Il part donc avec des galères, et, chemin faisant, il observe et dicte les observations.

Cependant, à mesure que les vaisseaux s'approchent des rivages où est assis le Vésuve, une cendre plus épaisse et plus chaude s'abat sur les ponts; puis, bientôt, des pierres calcinées, des cailloux brûlés, noircis, rendus friables par la haute température qu'ils ont subie, sont mêlés à la cendre et tombent avec elle. Déjà la mer semblait repoussée de ses rivages et les côtes étaient devenues inabordables, parce que des masses rocheuses, grosses presque comme des montagnes, les avaient couvertes. Pline hésite ; mais bientôt : Tournez du côté de Pomponianus, dit-il à son pilote. On arrive à Stabie. C'est ici que se trouvait Pomponianus, mais si peu rassuré qu'il attendait, pour s'embarquer et fuir, qu'un vent moins défavorable le lui permît. Pline rassure son ami, en montrant lui-même de la sécurité. Néanmoins le mont Vésuve semblait parsemé d'embrasements ; on y voyait çà et là de longues flammes, dont les effets de lumière paraissaient encore multipliés au milieu de l'obscurité. Pline alla se coucher et s'endormit.

Les cendres, qui ne cessaient de tomber comme une neige grise, fine et serrée, s'accumulaient dans la cour qui précédait l'appartement donné à Pline, et l'on dut craindre que bientôt la possibilité de sortir ne lui fût enlevée. On l'éveilla. Puis il fut tenu conseil sur le parti qu'il convenait de prendre. S'enfermera-t-on dans les maisons? Mais les fréquentes secousses de tremblements de terre semblent vouloir les repousser de leurs fondations et les lancer ou d'un côté ou de l'autre : c'est un asile qui peut écraser à chaque instant ceux qui l'adopteront. Ira-t-on en rase campagne? La chute des pierres, qui semblent venir du ciel, est à craindre. Toutefois les pierres qui tombent sont légères ; aussi on adopte le dernier parti, en prenant pour unique précaution celle de se garnir la tête d'oreillers attachés avec des mouchoirs.

Bien que l'heure fût arrivée où le jour se fait, la nuit la plus épaisse et la plus sombre enveloppait Pline et ses compagnons : à peine la dissipait-on un peu par les lueurs d'un grand nombre de flambeaux et d'autres lumières. On voulut voir ce qu'on pouvait demander à la mer ; mais elle était tumultueuse, et le vent était contraire. Pline but de l'eau et se coucha sur un drap qu'il avait fait étendre. Bientôt après, les flammes s'agrandissant, et une odeur sulfureuse faisant craindre leur approche, chacun prit la fuite. Pline éveillé se lève soutenu par deux esclaves et tombe subitement asphyxié. C'est seulement trois jours après qu'on revit la lumière du jour et qu'on retrouva le cadavre vêtu comme à l'instant de la mort, et dans la posture d'un homme qui repose.

Pline-le-Jeune n'avait pas suivi son oncle : il était

resté à Mysène avec sa mère. Mais, malgré la distance où il se trouvait du foyer d'éruption, il eut à éprouver des alarmes et à courir des dangers. Tacite lui écrit pour lui en demander le récit, et c'est sa réponse qui fait l'objet de la seconde lettre. Voici ce qu'il nous y apprend.

Depuis plusieurs jours un de ces tremblements de terre auxquels la Campanie est si sujette, faisait sentir ses secousses interrompues. Dans la nuit qui suivit le départ de Pline-l'Oncle, l'agitation du sol devint si violente qu'il semblait que tout dût être renversé. A sept heures du matin les secousses atteignirent une violence si terrible qu'il y avait un danger immense à rester dans le voisinage des maisons. Pline et sa mère crurent devoir prendre le parti de quitter la ville pour les champs, où ils furent suivis par une foule épouvantée. L'agitation du sol était alors telle que les voitures ne pouvaient être assujetties à occuper une place, malgré de grosses pierres dont on les appuyait. Aussi, la mer soulevée, se renversant sur elle-même, comme repoussée de ses rives, avait laissé beaucoup de poissons à sec sur le sable qu'elle avait cessé de baigner. Alors, du côté du volcan, on apercevait une nue horriblement noire, déchirée çà et là par des feux aussi éclatants et plus grands que les éclairs des orages.

La nue s'étendit et couvrit peu à peu la terre et les mers d'une nuit qui devint aussi profonde que celle d'une chambre hermétiquement close et où toutes les lumières ont été éteintes. C'est alors qu'on entendit le plus lamentable concert de plaintes, de gémissements, de sanglots, de prières, d'imprécations, même d'appels à la mort inspirés par la crainte de la mort même. Sur ces entrefaites, l'apparition d'une lueur qui indiquait l'approche d'un feu menaçant, vint ajouter encore aux alarmes et aux angoisses ; mais le feu s'arrêta loin des lieux où stationnaient Pline et sa mère, à côté de groupes nombreux. Puis, de nouvelles ténèbres, non moins épaisses que les premières, enveloppèrent tout le paysage.

La pluie de cendres avait commencé en même temps que la nuit anticipée ; elle tombait avec une abondance qui pouvait se mesurer par l'épaisseur des ténèbres dont elle était la cause. Aussi Pline et ses malheureux voisins devaient-ils se lever de temps en temps pour secouer leurs habits, afin d'éviter d'être écrasés ou ensevelis sous les monts de poussière qui s'y accumulaient.

Enfin peu à peu le voile de vapeur devint moins épais et moins noir ; puis il se dissipa et le jour apparut ; mais le soleil conserva pendant bien des heures encore une couleur jaunâtre, ne donnant qu'une lumière affaiblie, comme pendant une éclipse. Tout paraissait changé, tant à cause de la teinte de cette lumière que parce qu'une couche épaisse de cendres s'étendait sur tout. Cependant on se décide à regagner Mysène, et chacun s'y établit de son mieux, malgré la continuation des tremblements de terre, qui semblent dire que les mêmes horreurs peuvent avoir un retour prochain.

La double narration de Pline ne nous apprend pas précisément ce en quoi a consisté l'éruption du Vésuve, à l'occasion de laquelle il a écrit ses lettres. Il ne nous entretient guère, en effet, que de phénomènes observés à des distances plus ou moins grandes du volcan. Mais nous avons sur la même éruption des renseignements consignés dans les écrits de Plutarque, de Florus, de Suétone, de Dion-Cassius, d'Eutrope etc.

Plutarque, après avoir dit la nuit obscure due aux nuages de cendres et la grande agitation des eaux de la

mer, ajoute que la bouche du volcan lançait des masses de roches incandescentes, et que des villes importantes ont été si complétement détruites que les visiteurs ne sauraient distinguer les places qu'elles ont occupées. Les autres auteurs ajoutent peu à ce qui précède. Cependant il est dans quelques-uns des récits qu'on lira sans doute avec intérêt.

Dion-Cassius, dont les écrits remontent à l'an 228, parle d'abord du Vésuve en général ; puis de l'éruption de 79 en particulier : résumons ce qu'il dit à ce sujet. — Autrefois la montagne se terminait par en haut comme les autres montagnes, c'est-à-dire que la partie centrale du sommet se trouvait à un niveau au moins aussi élevé que celui des bords du plateau ; mais un foyer intérieur, dont le siége était au-dessous de la partie médiane, ayant *consumé* le mont suivant son axe, cette partie médiane s'est affaissée. De là est résultée la figure concave, qui est actuellement celle du sommet, où l'on voit comme un vaste et profond amphithéâtre.

Aussi, tandis que les vignes et les arbres continuent à couvrir les flancs jusque près de leurs sommets, on voit la fumée du foyer encore brûlant sortir constamment par des fentes et par des puits qui débouchent au fond du gouffre. Cette fumée prend même souvent pendant la nuit l'aspect et l'éclat d'une flamme, sans que pour cela le volcan semble passer à une période d'activité. Mais il arrive quelquefois que la fumée, s'élançant beaucoup plus épaisse et plus rapide, indique un redoublement d'action du foyer ; et alors au jet de vapeur se mêlent des éjections de cendres brûlantes et de roches calcinées. Alors aussi, on entend des bruits de nature à effrayer, semblables. les uns à des roulements ou à des ronflements, les autres à des mugissements puissants ou à des tonnerres éclatants.

Dans la saison d'automne de 79, il y eut un exemple remarquable de ces phénomènes violents, et le Vésuve eut à cette époque une horrible et désastreuse éruption. Après un été d'une sécheresse extrême, le sol de la Campanie fut tout à coup agité de violents tremblements, et en même temps des tonnerres et des mugissements souterrains firent entendre leurs voix effrayantes. C'était comme si les roches de la montagne s'entrechoquant se fussent fracassées dans un immense bouleversement. La mer d'abord frémissante fut bientôt tumultueusement agitée : ses vagues, soulevées par les convulsions de ses rives et de son fond, étaient rejetées loin des rivages, puis revenaient les envahir avec fureur. Bientôt les ouvertures du gouffre volcanique vomirent une abondante fumée de cendres, couvrant la terre et la mer d'un voile épais de noires ténèbres, que le soleil était impuissant à éclairer, même d'une faible lueur. Des fragments volumineux de roches brisées dans les entrailles de la montagne s'élançaient à une hauteur considérable pour retomber dans le cratère ou en dehors de son enceinte.

La terreur grandit jusqu'à des limites extrêmes. Quelques-uns en vinrent à croire à la résurrection des géants dont la fable avait peuplé dans les temps passés les environs du volcan et le volcan lui-même. D'ailleurs les formes singulières et pour ainsi dire fantastiques des nuages de fumée favorisaient les illusions. D'autres paraissaient croire à la fin du monde et disaient que l'univers allait rentrer dans le chaos d'où il était primitivement sorti. Que pouvaient en effet annoncer autre chose ces serpents de feu qui se tordaient dans la nuit, ces bruyants éclats d'un tonnerre souterrain, semblables aux retentissements de trompettes immenses? La crainte d'être écrasés et ensevelis sous les ruines poussait les uns au dehors des maisons, tandis que les autres au contraire se précipitaient dans les habitations pour y chercher un refuge contre les dangers du dehors; ceux-ci quittaient le continent pour la mer, ceux-là quittaient la mer pour le continent, tous jugeant que le danger qui les entourait était le pire de tous. La cendre avait tout envahi, poussée par le vent; l'air en était chargé, la terre en était couverte, les eaux de la mer en étaient troublées. Deux villes, Herculanum et Pompéi, furent tout entières ensevelies sous les produits du volcan, pendant que le peuple, ajoute Dion, était réuni à l'amphithéâtre.

Ni Pline ni Dion ne rapportent qu'il y ait eu, coulant du sommet, des matières ressemblant à la lave, comme dans la plupart des éruptions postérieures. Mais Eutrope raconte que le sommet du mont se brisa et qu'il vomit des torrents de matières enflammées. Ces matériaux, qui descendaient sur les flancs de la montagne, étaient-ils des courants laviques? Ou bien étaient-ce, comme le veut le Père della Torre, des rivières d'un sable rougi et non liquéfié dont il parle encore à l'occasion d'autres éruptions? C'est ce que nous ne déciderons pas.

Jean Zonata parle aussi de cette éruption, dans ses annales écrites en 1118. Après avoir donné du Vésuve à cette époque une description qui semble calquée sur celles des précédents écrivains, il dit les phases que présente le volcan. — Couronné d'une vapeur qui semble de la fumée pendant le jour, du feu pendant la nuit, le Vésuve prend tout à coup une activité extraordinaire : ce sont des cendres abondantes et des fragments de roches qui sont lancés par l'impétuosité de la vapeur. Puis on entend un bruit semblable à celui de montagnes qui s'entre-choqueraient, et ce sont des rochers entiers qui sont lancés dans les airs. Ensuite, après un jet de flammes éclatantes, un immense nuage de fumée éclipse la lumière du soleil et transforme le jour en nuit. Une si grande quantité de cendres remplit l'air, couvre la terre et se mêle aux eaux de la mer, que les oiseaux et les poissons en sont tués. Deux villes, Herculanum et Pompéi, sont ensevelies sous la cendre, pendant que le peuple est réuni au théâtre. — On doit voir dans ce récit la reproduction de ce qu'avaient dit les historiens plus anciens, à qui il est tout naturellement emprunté.

Tous les phénomènes que nous avons trouvés décrits dans les relations précédentes, ont eu leurs semblables dans la suite et même dans les éruptions modernes. Les tremblements de terre, les bruits souterrains, les apparitions de colonnes de fumée ou de vapeurs, les éjections de cendres, les pluies de pierres calcinées ou en poussière, les éclairs éblouissants sont les éléments ordinaires de ces faits convulsifs. Ainsi des bruits semblables à des tonnerres ont quelquefois mis en vibration les vitres de Portici ; d'autres, semblables à des beuglements, se sont fait entendre parfois jusqu'à Naples. Les cendres se sont aussi, dans quelques cas, répandues sur de très-grandes surfaces, qui en ont été couvertes d'une couche assez épaisse. Cependant nous voyons une grande exagération dans le dire d'Eutrope et celui de Dion et de Jean Zonata qui le répète, affirmant que les matières pulvérulentes auraient été transportées jusqu'en Afrique, en Égypte et en Syrie.

Nous aurions pu faire à mesure quelques observations sur certains faits et sur des explications au moins très-hasardés ; mais nous avons préféré les réserver pour un peu plus tard, où elles trouveront mieux leur place.

Quoi qu'il en soit de la vérité de certains détails, l'éruption de 79 est l'une des plus terribles parmi celles dont nous avons l'histoire : elle a été l'une des plus désastreuses. En effet, outre les dommages qu'elle a causés aux villas éparses dans les terrains environnants, outre les avaries partielles dont ont souffert beaucoup des bourgs du voisinage, nous savons que deux villes entières, Herculanum et Pompéi, ont été noyées, ensevelies sous les produits de l'activité du volcan. A ces deux villes nous pouvons même joindre Stabies, qui aussi a été victime du même désastre. Le fait de cette triple destruction est confirmé d'ailleurs par les découvertes postérieures des villes ensevelies. Car nous savons que l'emplacement de chacune a été retrouvé, et même qu'on a mis à découvert des portions plus ou moins considérables des restes de leurs édifices, dans des fouilles, trop peu actives il est vrai, mais néanmoins très-intéressantes.

Voici l'histoire de ces découvertes fameuses.

Le prince Emmanuel de Lorraine, duc d'Elbeuf, marié en 1713 à la fille du duc de Salsa, avait bâti une villa aux environs de Portici. Des ouvriers, faisant un forage dans le but de procurer de l'eau pour l'usage de cette habitation, rencontrèrent une voûte qu'ils percèrent : la construction avait fait partie du théâtre. On découvrit bientôt divers objets curieux et entre autres les statues d'Hercule et de Cléopâtre. Les choses en étaient restées là ; mais la tradition conservait dans ces lieux le souvenir du fait, dont on s'y entretenait, lorsque, Portici ayant été cédé en 1736 par le duc d'Elbeuf au roi des Deux-Siciles, celui-ci voulut aussi se créer une villa dans les mêmes environs. A cette occasion on fit un creusage qui fut poussé à 26 mètres de profondeur, et l'on reconnut le sol d'une ville entre Portici et Résina : les inscriptions trouvées disent que cette ville est Herculanum.

A diverses époques depuis, des travaux ont été entrepris, abandonnés, puis encore repris, dans le but de faire des découvertes archéologiques : on a trouvé de nombreux monuments dignes de la curiosité et de l'intérêt des antiquaires. Mais il faut avouer que généralement nulle méthode n'a présidé à la direction de ces sortes d'opérations. Aussi, le gouvernement napolitain ayant fait, en 1828, un travail de déblaiement, on reconnut, après la dépense faite, que l'on était tombé sur les points qui avaient été explorés par le duc d'Elbeuf, plus d'un siècle auparavant. Puis il faut ajouter que les sommes ordonnancées pour cet objet ont été réglées avec trop d'économie, pour qu'il n'y eût pas une extrême lenteur de résultats. L'antiquaire et le géologue ont lieu de déplorer qu'un grand nombre de faits utiles à la science soient encore enfouis, lorsqu'ils devraient être exhumés et soumis à leurs appréciations.

Herculanum, fondée par une colonie grecque, était, d'après plusieurs auteurs anciens, au nombre des sept villes les plus florissantes de la Campanie. Nous ne connaissons ni l'importance relative de sa population, ni d'une manière certaine la longueur de son périmètre. Comme on rejetait les décombres provenant d'un déblaiement dans le découvert dû à un déblaiement précédent, peu d'édifices sont simultanément accessibles à l'observation. C'est ainsi que le forum, le temple de Jupiter, qu'on a explorés, sont aujourd'hui couverts, mais le théâtre peut être visité aux flambeaux. On y remarque une formation constante de stalactites de carbonate de chaux magnésienne, produites par des infiltrations au travers du tuf dans lequel les galeries ont été creusées.

Nous dirons tout à l'heure, d'une manière générale, les principales richesses trouvées dans les fouilles successives; mais parlons auparavant des deux villes qui ont subi à la même époque un sort semblable à celui d'Herculanum.

La plus importante des deux, Pompéi, avait aussi été fondée par une colonie grecque et, comme Herculanum, était comptée parmi les sept villes les plus florissantes de la Campanie. On ne connaît pas l'importance relative de ces deux villes. On sait cependant de Pompéi, qu'elle avait un peu plus de 4 kilomètres de circonférence. Voici, du reste, comment on a été mis sur la voie de la découverte de son emplacement. En creusant des caves aux environs de Scafati, au sud-est-sud de Portici, on avait trouvé d'abord des ossements humains, et entre autres, un squelette de femme, avec des anneaux et des bracelets d'or. On présuma de suite que là avait été Pompéi. Plus tard la présomption a été changée en certitude par des recherches dont nous dirons les résultats généraux.

Quant à Stabie, victime aussi de la catastrophe de 79, nous n'aurons que peu à en dire. C'était une petite ville située à 8 kilomètres environ du Vésuve, non loin de l'emplacement de *Castello-a-Mare*. Nous avons vu dans les récits de Pline-le-Jeune que son oncle y était venu auprès de Pomponianus, que pendant la nuit qu'il y passa, il y eut pluie d'une telle quantité de cendres, que, par mesure de prudence, dans la crainte que plus tard la retraite ne devînt impossible, on fut obligé de fuir la ville. En effet, Stabie fut complétement ensevelie sous les pierres et les cendres volcaniques. Sous les ruines qui ont été découvertes, on a trouvé quelques squelettes, des pièces antiques de peu d'importance et des rouleaux de papyrus. Cela dit sur Stabie, revenons à Herculanum et à Pompéi.

Parmi les découvertes faites dans ces villes, il en est qui viennent confirmer ce que nous a déjà appris Sénèque, qu'un tremblement de terre aurait à peu près détruit Pompéi, l'an 63. Ce sont des temples avec des inscriptions qui consacrent le souvenir qu'ils ont été réédifiés, après leur destruction par un tremblement de terre qui eut lieu sous Néron. A Pompéi surtout, des lézardes, des fissures encore ouvertes aux murs d'édifices publics ou particuliers sont autant d'indices de cette catastrophe, dont Herculanum aurait moins souffert. A côté de l'un des temples, qui est resté inachevé, on a trouvé sur le sol des colonnes en partie taillées, et, selon toute probabilité, destinées à la réparation.

Le pavé des rues, généralement en bon état de conservation, a été enfoncé en quelques points : il consiste en larges dalles irrégulièrement faites de laves dures. On peut y remarquer une particularité extrêmement curieuse : ce sont des ornières irrégulières de 3 à 4 centimètres de profondeur, creusées, il y a plus de dix-sept siècles, par les roues des chariots; au nombre de deux, dans les rues étroites, elles sont au nombre de quatre dans les rues larges, où il pouvait y avoir une voie pour chaque sens de direction.

Voici, sur les recherches, quelques détails dont nous pourrons tirer des conséquences importantes. D'abord, on n'a trouvé dans les villes enfouies qu'un nombre assez restreint de squelettes; d'où il est permis de présumer que l'ensevelissement ne fut pas assez rapidement brusque pour ne pas laisser à la plupart des habitants le temps de fuir. Il est même très-présumable qu'on put emporter les plus précieux des effets. Dans les casernes de Pompéi on a trouvé les squelettes de deux soldats enchaînés avec des ceps, et on en a trouvé dix-sept dans une cave d'un faubourg, où probablement ces malheureux avaient cherché un abri contre la pluie de cendres. Puis, dans cette même maison, on put voir le moule parfaitement conservé d'une femme tenant son enfant dans ses bras; aux ossements était jointe une chaîne d'or, et aux doigts il y avait des anneaux ornés de pierreries. Enfin, de chaque côté de la même cave on trouva une longue rangée d'amphores en terre.

On peut lire encore aujourd'hui les inscriptions tracées par les soldats sur les murs de leurs casernes, les noms des propriétaires des maisons écrits sur les portes. Puis les couleurs des fresques, à l'intérieur des monuments, ont conservé presque toute leur vivacité. Les décorations des fontaines publiques sont composées de coquilles, dont la disposition est tout à fait rappelée par celles qui ornent les fontaines de Naples de nos jours. On conserve dans un musée particulier une collection de coquillages, dont le plus grand nombre appartiennent aux espèces actuelles de la Méditerranée. Le milieu dans lequel ces échantillons ont passé près de dix-huit siècles, fait qu'elles n'ont subi aucun commencement de ce qu'on appelle *fossilisation* et qu'elles sont en tout semblables à celles de nos collections actuelles.

Le bois des maisons d'Herculanum, noirci à l'extérieur, a conservé, dans son intérieur, le même état à peu près que du bois récent. D'autres substances organiques, plus facilement attaquables, ont subi des altérations plus considérables; cependant beaucoup sont dans un état de conservation assez remarquable. Un grand nombre de filets de pêcheurs, quelques-uns entiers, ont été trouvés dans les deux villes enfouies.

On a découvert à Herculanum du linge dont le tissu se distinguait très-bien. Dans la boutique d'un fruitier on a recueilli des vases remplis d'amandes, de châtaignes, de noix, de fruits de caroubier; dans celle d'un boulanger, un pain qui porte le nom de son fabricant; sur le comptoir d'un pharmacien, une boîte remplie d'une substance terreuse provenant probablement de pilules, puis une jarre contenant des plantes médicinales. Plus tard, en 1827, on a découvert des olives *humides* dans un bocal carré, dont l'état de conservation est réellement surprenant. Tous ces objets sont conservés avec soin dans un musée de Naples.

Des monuments qui auraient pu être de beaucoup plus précieux encore, ont été découverts dans ces villes mortes: ce sont des restes de *bibliothèques* ou des ensembles de petits paquets de papyrus roulé. Malheureusement ceux de Pompéi étaient complétement indéchiffrables, et ceux d'Herculanum, passés à l'état d'une matière pulvérulente, n'ont laissé lire que des titres d'ouvrages. Ce sont, en général, des œuvres d'une importance secondaire; car, d'après quatre à cinq cents titres qu'on a pu déchiffrer, ils traitent de musique, de rhétorique et de l'art culinaire. Il y avait cependant deux volumes d'Épicure *Sur la nature* et d'autres de la même école; puis un écrit par Chrysippe, adversaire d'Épicure.

Disons, avec M. Lyell, combien il est regrettable que des recherches n'aient pas été dirigées spécialement dans le but d'obtenir d'autres monuments écrits de cette époque passée. Peut-être, espérons-le, un avenir plus intelligent et mieux dirigé exhumera-t-il un rouleau de papyrus mieux conservé et qui nous révélera plus de choses intéressantes que n'en peuvent dire tous les hiéroglyphes. Il ne faudrait pour cela, dit encore M. Lyell, qu'une faible partie du zèle et de l'espritt éclairé qui ont présidé aux recherches de l'expédition des Français et des Toscans en Égypte. Mais dans ces villes ensevelies on semble n'avoir cherché que des monuments, des statues, des peintures anciennes, lorsque l'Italie a déjà tant de chefs-d'œuvre de ce genre qu'il ne lui reste rien à désirer sous ce rapport. Toutefois avouons qu'une récolte précieuse pour les antiquaires a été le résultat des efforts qui ont été faits. Les édifices mis à ciel ouvert, les statues de métal et de pierre, les médailles, les instruments de sacrifices, les armes, les ustensiles de ménage, les bijoux, les dés à jouer etc. sont autant de monuments dont l'historien peut tirer parti pour étudier les mœurs publiques ou privées de ces temps anciens dans ces villes fameuses et si malheureusement mises à mort.

L'ensevelissement de deux villes, comme Herculanum et Pompéi, est sans aucun doute un fait très-important à tous égards. N'est-il donc pas remarquable que Pline-le-Jeune, pas plus qu'aucun contemporain de l'événement, n'en fasse aucune mention? Tacite aussi, son contemporain et son ami, se contente de dire que des villes furent consumées ou englouties. Suétone garde aussi sur ce grand fait un silence absolu, et Martial, sans les nommer, les indique comme ayant été enfouies sous des scories. Dion Cassius, qui n'est venu qu'un siècle et demi après Pline, est le premier écrivain qui nomme les villes, en disant la catastrophe dont elles furent victimes. Mais les renseignements puisés, paraît-il, dans les traditions des habitants sont tellement mêlés de fables, de récits merveilleux, où apparaissent des géants et des trompettes, qu'aujourd'hui encore, *malgré la tradition*, on semblerait fondé à ne pas croire au fait en lui-même, si l'on n'avait découvert les deux villes ensevelies, et dans leurs restes les preuves irrécusables de la catastrophe dont elles ont été victimes. Et ce fait n'est pas le seul des événements importants qui soient dans le cas qu'on ait besoin, pour y croire, de s'appuyer sur une tradition orale qui les lie à une tradition écrite de beaucoup postérieure. Nous pouvons citer en particulier l'éruption de la Solfatare qui eut lieu pendant un temps de repos du Vésuve, et que la tradition *seule* rapporte à l'an 1198, sous Frédéric II, empereur d'Allemagne. Disons, dès maintenant, que l'éruption de la Solfatare n'a consisté qu'en une émission de lave trachytique, légère, scoriforme, d'aspect récent, qui repose sur des strates de tuf meuble superposées à la masse principale de trachyte.

Pour terminer l'histoire de la première et si mémorable éruption *historique* du Vésuve, nous allons nous occuper de la question de savoir comment les villes d'Herculanum et de Pompéi ont péri. Est-ce par le feu? est-ce par l'eau? comme se le demande un auteur italien dans le titre d'un livre qu'il a publié sur ce sujet. D'ailleurs les deux opinions qui répondent à la question ont été soutenues avec vivacité dans une controverse fameuse, où les uns, partisans exclusifs des causes aqueuses, n'admettaient que le transport des matières volcaniques par des torrents, et les autres, non moins exclusifs, ne faisaient intervenir que l'action du feu. D'abord, ni Herculanum ni Pompéi n'ont été submergées par des torrents de lave, comme quelques-uns l'ont dit ou sont portés à le croire : les observations sur la matière ensevelissante contredisent de tous points cette explication. La lave, après son refroidissement, donne lieu à une roche, sinon très-compacte, au moins dure et assez peu friable. Or, au lieu d'une matière tenace, on ne trouve dans les couches qui recouvrent ces villes qu'un agrégat de parcelles pulvérulentes ou de poussières qui ont fait corps en présence de l'eau. Les fragments sont en effet très-facilement pulvérisables sous le marteau, et le microscope, ou même simplement la loupe, y fait voir des substances chimiquement différentes, les unes terreuses, les autres jouissant d'un brillant métallique, absolument comme dans les cendres volcaniques. Disons d'ailleurs que cette couche, à partir du sol des villes, a une puissance variable, qui est quelquefois considérable : cette couche, de plus de 15 mètres au lieu qu'occupait le théâtre, prend une profondeur de près de 40 mètres du côté de la mer. Quant à la disposition, on remarque qu'elle varie aussi avec les circonstances. Dans les lieux découverts, c'est-à-dire là où il n'y avait pas de toit entre le ciel et le sol, les strates sont constituées à l'instar de celles que forme une neige fine, leur surface supérieure indiquant plus ou moins les accidentations de la surface qui les porte. Dans les lieux couverts, dans les habitations, sous les toits et dans les caves, la disposition semble indiquer que la matière y aurait été introduite à l'état de limon et probablement postérieurement à l'époque de la pluie de cendres. Au reste, il est aussi très-présumable que l'ensevelissement, tel qu'il existe aujourd'hui, ne s'est pas opéré en une seule fois, et que l'état actuel des choses résulte d'une succession d'actions dont chacune peut avoir été très-lente.

Ce qui prouve incontestablement que ces villes n'ont pas été ensevelies par des torrents de lave brûlante, c'est l'état de conservation relative de certaines substances très-combustibles, du linge, des filets, du pain etc., qui certainement auraient été converties en cendres sous la haute température de la lave, lorsque celle-ci les aurait approchées. Nous savons aussi que, malgré le dire de Dion Cassius, la catastrophe n'a pas été subite et qu'il est inexact de dire qu'elle ait surpris et enveloppé le peuple réuni au théâtre : le petit nombre des squelettes trouvés dans les villes mortes a démenti ces assertions.

Certains faits cependant semblent indiquer que la cendre arrivait encore chaude : telles sont la carbonisation au moins partielle des encadrements en bois des portes et des autres bois qui faisaient partie des constructions, et la combustion aussi partielle des substances végétales ou animales exhumées. Les charbons toutefois sont devenus mous sous l'action d'un séjour prolongé dans un milieu où pénétrait l'humidité atmosphérique. Mais peut-être pourra-t-on objecter que ces matières de nature organique ont subi sous l'action du feu la même transformation que les substances de même nature qui sont devenues ce qu'on appelle aujourd'hui les combustibles minéraux, telles que les lignites, la houille, les anthracites. Cependant cette dernière cause, rapprochée de la durée de l'enfouissement, ne nous paraîtrait pas expliquer le degré de carbonisation des matériaux, surtout des bois. Nous nous souvenons d'avoir vu et examiné des poutres et d'autres pièces moins volumineuses de bois, extraites des fouilles d'une ancienne villa romaine sur les bords de la Saône. Après un séjour de quatorze siècles dans l'humidité, ces matériaux avaient pris une couleur noire, même à l'intérieur, et se divisaient à l'air en écailles; mais il ne nous a pas paru qu'elles eussent subi ce qu'on peut appeler un commencement de carbonisation.

Voici, d'après notre appréciation, ce qui semble résulter de l'ensemble des faits. Une pluie de cendres encore chaudes s'est abattue sur ces villes, de manière à obstruer ou à remplir les rues et les édifices ouverts par en haut. Peut-être aussi y a-t-il eu envahissement en même temps par un courant torrentiel d'une poussière ou d'un sable brûlant, qu'aurait émis une bouche ouverte au bas du cratère. Mais on conçoit qu'aucune de ces causes n'a pu contribuer sensiblement à remplir les pièces fermées des habitations et qu'elles ont pu rester, pendant un temps plus ou moins long ensuite, exemptes de l'envahissement de la substance volcanique. Il peut même se faire qu'à plusieurs reprises, après l'éruption de 79, les mêmes causes, dont nous venons de parler, soient venues augmenter l'épaisseur de la couche de cendres. Quoi qu'il en soit, les cendres qui remplissaient les rues et étaient accumulées sur les toits, recevaient les eaux atmosphériques; celles-ci, plus ou moins limoneuses, ont pénétré dans les pièces peu hermétiquement fermées, et y ont déposé les substances solides et pulvérulentes qu'elles entraînaient en suspension. Pendant la suite nombreuse des siècles qui se sont écoulés depuis le commencement de notre ère, ces dépôts limoneux, sans se faire d'une manière bien active, ont bien pu atteindre la hauteur où on les a trouvés lors de la découverte des villes, et remplir à peu près les appartements et les caves. Nous le répétons, le résultat final, c'est-à-dire l'état des choses que l'on a constaté, peut n'être la conséquence que de plusieurs envahissements avec lesquels aurait concouru simultanément l'action aqueuse dont nous avons parlé. Au reste, la non-homogénéité, à diverses profondeurs, du linceul pulvérulent des deux villes, ou la diversité de composition des strates de la base au sommet, pourrait amener cette conséquence que l'ensevelissement extérieur ne résulte pas d'une seule émission de pluies ou de courants de sable.

Éruption de l'an 203.

HISTORIENS : Dion, Eutrope, Sextus Aurélius Victor.

Le Vésuve était rentré dans le calme. De nouvelles bourgades s'étaient élevées sur les ruines que ses convulsions précédentes avaient faites, et sans doute, les heureux habitants de la Campagne-Heureuse commençaient à regarder comme exagérés les récits que la tradition conservait des calamités de l'an 79, lorsque, après un repos de cent vingt-quatre ans, l'an 203, le volcan vint rappeler que ses feux ne s'étaient pas éteints, mais n'étaient qu'assoupis. Dion, dans la *Vie de Septime Sévère*, Eutrope, dans son *Histoire romaine*, Sextus Aurélius Victor, dans la *Vie des empereurs romains*, nous disent qu'à cette époque, en effet, une nouvelle éruption vint troubler la tranquilité des Campaniens et semer dans le pays de nouveaux désastres. A cette époque, disent les auteurs cités, le Vésuve se couronna d'une immense illumination et poussa de tels mugissements qu'on les entendit même à Capoue. Alors aussi, du sommet fracturé de la montagne, l'incendie coula sur ses flancs en torrents enflammés, qui désolèrent quelques villes du voisinage et firent périr beaucoup de leurs habitants. Au reste, on ne mentionné sur cette éruption aucune particularité qui ne se trouve dans les récits de la première.

Éruption de l'an 472.

HISTORIENS : Marcellin Conti, Procope, Charles Sigonius.

Nous ne trouvons non plus aucun fait nouveau dans les relations des historiens du troisième embrasement, qui aurait eu lieu l'an 472, sous Antemnius, empereur d'Occident, et Léon Ier, empereur d'Orient. Seulement, d'après Procope, l'éruption se serait continuée pendant les deux années suivantes. Il paraîtrait toutefois que, malgré cette longue durée de la période active ou peut-être même à cause de cette longue durée, les phénomènes ont été moins violents et, par suite, moins désastreux qu'en 203, et, à plus forte raison, qu'en 79. Cependant ce fut une véritable éruption, car « En l'an 472, dit Charles Sigonius, dans son *Histoire de l'empire d'Occident*, le mont Vésuve, embrasé par des feux intérieurs, continus, vomit au dehors ses entrailles brûlées. Le jour fut remplacé dans la Campanie par les ténèbres de la nuit, et l'Europe tout entière — singulière exagération — fut couverte d'une cendre ténue. Aussi on institua à Constantinople un souvenir annuel de cet événement prodigieux, qui avait rempli d'un tel effroi l'empereur Léon Ier, que celui-ci abandonna la ville pour se retirer à Saint-Mamant. »

Éruption de l'an 512.

HISTORIENS : Magnus Aurélius Cassiodorus, Charles Sidonius, Procope de Gaza.

Moins de quarante ans après la fin de l'éruption dont nous venons de parler, l'an 512, le Vésuve se mit encore à jeter la terreur et la dévastation dans ses alentours. Voici, en effet, ce que nous apprend une lettre de Théodoric, publiée en 544 par Magnus Aurélius Cassiodorus, qui, après avoir été consul romain, s'était fait bénédictin. Cette lettre est adressée à Faustin, préposé de l'empereur dans la province en souffrance, et on va voir à quelle occasion elle a été écrite.

Les Campaniens, ayant eu à souffrir des dommages de l'action du Vésuve, suppliaient l'empereur de les exonérer de l'impôt pour des champs dépouillés de leurs récoltes. L'empereur trouve la demande juste en principe, mais veut être renseigné par une enquête, qu'il recommande à la probité de Faustus, sur la valeur des pertes de chacun, afin de n'être pas exposé à appliquer le remède à côté du mal ou à l'appliquer sans proportion avec le mal.

La Campanie, dit Théodoric, jouirait d'une félicité parfaite, sans la menace du fléau qui vient de temps à autre la ravager. Cependant jamais le désastre ne s'étend à la totalité des biens des habitants; car des avant-coureurs, qu'on ne peut méconnaître, conseillent à l'avance de prendre des précautions. La montagne, en effet, murmure d'effroyables grondements, des exhalaisons meurtrières s'en échappent, et il est peu de points de l'Italie, où l'on ne soit averti par quelques commotions qu'il se passe en ce lieu ou qu'il va s'y passer quelque chose d'extraordinaire. Les courants atmosphériques portent sur les mers, et même au delà, des nuages immenses, d'où la cendre tombe en une pluie abondante. On peut juger combien doit souffrir la Campanie de ce que, dans une autre partie du monde, on est averti qu'elle souffre. On y voit courir comme des fleuves de poussière et se précipiter en torrents impétueux des sables brûlants. Le niveau de la plaine semble s'élever et finit par atteindre le sommet des arbres. Alors l'aspect des champs, qu'égayait le vert de la végétation, se trouve remplacé par la teinte de deuil que lui donne la dévastation due à la chaleur. La fournaise, dans son action continue, ne cesse de vomir des ponces, mais elle rejette aussi des sables fertiles. Et, en effet, les germes qui sont confiés à cette terre, produit du feu, se développent avec une grande activité, et bientôt les désastres dans la produotion des terres sont réparés ou compensés par une récolte abondante. Comment se fait-il, se demande Théodoric, qu'une seule montagne ait pu produire tous les matériaux qui sont sortis de son sein, sans qu'on remarque une diminution dans son volume?

Charles Sigonius, dans son *Histoire de l'empire d'Oc-*

cident, déjà citée, nous dit, à propos de l'éruption de 512 : « L'empereur fit réparer le théâtre de Constantinople, que les tremblements de terre avaient fortement ébranlé. Il fit grâce de l'impôt aux Campaniens, dont les éruptions du Vésuve avaient ravagé les récoltes. » Voici du reste, suivant cet historien, ce en quoi consista le phénomène : « La montagne faisait entendre un grondement épouvantable ; il s'en échappait des vapeurs et des gaz si chargés de poussière et si noirs, que les ténèbres avaient remplacé le jour, et tous les environs étaient secoués par des tremblements répétés. La cendre fut transportée même au delà des mers, où elle s'étendit sur des provinces entières. Mais, dans la Campanie, c'était en fleuves que coulait cette cendre, et de plus des torrents d'un sable ardent, se déversant sur les campagnes, en élevaient la surface au niveau du faîte des arbres, noircissant et brûlant instantanément la végétation verdoyante qui parait ses belles plaines. »

Un auteur contemporain de l'événement, qui n'en fut pas témoin cependant, Procope de Gaza, se trouvait à Naples vers l'an 536 avec Bélizaire, capitaine de l'empereur Justinien. Les faits de l'éruption s'étaient produits assez récemment pour que l'attention de Procope fût appelée sur le Vésuve : aussi en entretient-il ses lecteurs, dans deux passages différents de son histoire des Goths. Au risque de tomber dans quelques répétitions, nous allons faire une traduction libre de ce qu'il en dit.

Alors, en 536, le Vésuve fit entendre des mugissements, mais il ne vomit rien des matières dont ces signes précurseurs semblaient annoncer l'éruption si fort redoutée des indigènes. Le Vésuve, situé à 70 stades de Naples, est un mont abrupte, dont le pied est entouré de bois, délicieux par leur fraîcheur; ses flancs se font remarquer par leur stérilité et par les précipices dont ils sont accidentés; à son sommet une ouverture béante sert d'origine à un gouffre, qui semble descendre jusqu'aux racines de la montagne. Ceux qui osent sonder du regard cette effrayante profondeur, y découvrent un foyer dont les feux, d'ordinaire, n'inspirent aucune crainte et n'occasionnent aucun dommage aux habitants du voisinage. Mais dès que la voix du volcan s'est fait entendre, semblable à un mugissement, le gouffre souvent ne tarde pas à lancer d'énormes quantités de cendres donnant inévitablement la mort aux êtres vivants qui s'en trouvent enveloppés. Que cette cendre tombe sur des habitations, elle les ensevelit, en les écrasant de son poids. Quelquefois, emportée par le vent, la cendre s'élève à des hauteurs prodigieuses pour aller s'abattre sur des régions très-éloignées. C'est ainsi que Byzance, à ce qu'on rapporte, fut tellement effrayée d'une pluie de cette nature qu'on y institua des prières solennelles pour demander à Dieu d'oublier sa colère. On raconte qu'à une autre époque la cendre fut transportée même jusqu'à Tripoli. Au dire de la tradition, ajoute Procope, ces faits se sont produits, il y a à peu près cent ans — en 473 —, mais on a le souvenir de leur renouvellement à une époque beaucoup plus récente — en 512.

Ailleurs, après avoir rappelé ce que nous venons de traduire, il ajoute : Ce n'est pas seulement de la cendre que lance le sommet du Vésuve, ce sont aussi des roches plus ou moins volumineuses que la force du feu élève, et qui retombent, se dispersant autour de la bouche qui les a vomies. Puis, comme les flancs du mont Etna, ceux du Vésuve sont sillonnés par des rivières de feu qui descendent du sommet à la base de la montagne et même s'étendent beaucoup plus loin. Les courants, en se refroidissant, exhaussent leurs bords, et forment ainsi une espèce de lit, dans lequel s'écoule du sable comme un liquide rouge de feu. Puis, lorsque le torrent a cessé de couler et qu'il est complétement refroidi, ce qui en reste ressemble à la cendre d'un foyer éteint. On trouve au pied du Vésuve des sources d'une eau douce et potable, et entre autres celle d'une rivière appelée *Draco*, qui passe près de la ville de *Nuceria*.

Éruptions des années 685, 993, 1036, 1049, 1138, 1139, 1306, 1500.

(HISTORIENS : Anonyme du Mont-Cassin, François Scot, Léon Marsicanus, Ambroise-Léon de Nole).

Les historiens à qui nous devons les récits des éruptions de 685 et 993, ne signalent aucun fait nouveau : on dirait leurs relations calquées sur celles des faits semblables des époques antérieures. Disons cependant que l'éruption de 993 semble avoir été annoncée par des faits qui se sont produits assez loin du volcan : Rome eut à subir ces signes précurseurs. Peu de temps auparavant, le sol de la capitale de l'Italie fut tourmenté par des tremblements de terre d'une violence assez peu usitée dans cette ville. Des crevasses, formées dans certaines rues, y vomirent des flammes qui incendièrent plusieurs maisons. Aussi la consternation s'empara de toutes les classes : pape, cardinaux et peuple se jetèrent à genoux dans la basilique de Saint-Pierre, pour y implorer de la miséricorde divine qu'elle mît fin aux terreurs et aux angoisses. L'éruption du Vésuve commença et Rome cessa d'être tourmentée.

A l'occasion de l'éruption de 1036, nous trouvons, dans la *Chronique* de l'anonyme du Mont-Cassin et dans l'*Itinéraire d'Italie* de François Scot, la mention d'un fait nouveau, très-important. En effet, c'est la première fois qu'on signale qu'un torrent *liquide* de feu, sorti des flancs entr'ouverts du Vésuve, se serait écoulé jusqu'à la mer. On doit voir, dans ce torrent d'un aussi long cours, autre chose que ces ruisseaux plus ou moins impétueux d'une matière qui se changeait par le refroidissement en une masse pulvérulente ou au moins très-friable. N'est-on pas autorisé à conclure de là que c'est à cette époque qu'est apparu pour la première fois un courant de lave proprement dite ?

Léon Marsicanus, autrement dit Léon d'Ostie, et après lui François Scot, nous signalent, à propos de l'éruption de 1049, un fait dont il n'avait non plus été question dans aucun des récits antérieurs. Dans cette éruption, disent-ils, un torrent de *bitume* s'épancha du Vésuve et se rendit jusqu'à la mer.

Nous n'avons à retenir que leurs dates des éruptions de 1138, sous Roger III, de 1139, de 1306, de 1500. Relativement à la dernière, Ambroise-Léon de Nole, médecin et philosophe, affirme, comme en ayant été témoin oculaire, que les produits de l'éruption couvrirent une grande étendue et qu'il tomba une pluie abondante de cendres rougeâtres.

Soulèvement du Monte-Nuovo, EN L'AN 1538.

Quittons un instant le Vésuve, pour nous occuper d'un fait considérable arrivé dans son voisinage, et qui, sans appartenir au volcan, se rattache aux faits volcaniques de la contrée : il s'agit du *soulèvement* d'une plaine en une ampoule et de la formation presque instantanée d'une montagne dans cette plaine. Les côtes de Pouzzole et de Baïa étaient secouées depuis deux ans par des tremblements de terre violents et souvent répétés, lorsque, le 27 et le 28 septembre 1538, ils devinrent si fréquents qu'ils ne laissaient aucun repos ni le jour ni la nuit. Le 29, à deux heures de nuit, la plaine qui se trouve entre la mer, le lac Averne, le Monte-Barbaro, peu distant du mont Falerne, fut soulevée peu à peu, en se crevassant, et resta maintenue beaucoup au-dessus de son niveau primitif. Alors on vit, au centre de cette plaine exhaussée, une certaine étendue de terrain s'élever davantage et prendre presque subitement la forme d'une montagne naissante. Le travail souterrain fut si actif que, après quelques heures, le sommet du mont s'élevait à une hauteur de 150 mètres au-dessus du niveau primitif de la plaine. Puis, pendant la nuit suivante, le monticule s'ouvrit en son sommet avec beaucoup de bruit, et l'ouverture vomit, au milieu de flammes, une assez grande quantité de ponces, de pierres et de cendres.

Nous devons faire remarquer que les ponces provenaient uniquement du terrain soulevé, auquel l'éruption les avait arrachées; car le sol de la Campanie est un composé de débris de ces sortes de matières volcaniques, et même on en voit des couches relevées sur les flancs du Vésuve. Quant aux *pierres* et aux cendres rejetées, elles provenaient de l'éruption elle-même: on doit les regarder comme ayant fait partie de la masse soulevante qui s'est fait jour au travers du terrain soulevé, ou même comme faisant partie de l'injection de bas en haut des matériaux dont l'accumulation avait produit le gonflement du terrain. La pente sud de la montagne porte encore une traînée de scories, et on voit au sommet les restes du cratère d'où elles sont sorties. L'action volcanique ne dura que sept jours, et cependant une partie du lac Lucrin fut comblée par les matières projetées ou épanchées. Cette région rentra dans le calme presque aussi soudainement qu'elle en avait été tirée, et sa tranquillité n'a pas été troublée depuis.

La montagne dont nous venons de dire la formation, est appelée encore aujourd'hui le *Monte-Nuovo* (montagne nouvelle): les faits de son apparition peuvent être considérés comme constituant dans leur ensemble les phases de la formation d'un mont ignivome. Nous verrons, en effet, en déduisant de leur description extérieure la théorie de la formation des grands volcans dont l'action n'a pas été éphémère comme celle du Monte-Nuovo, que les mêmes phénomènes successifs ont dû marquer chacune de ces formations.

Pendant qu'un sol voisin était convulsionné, le Vésuve, calme déjà depuis près d'un siècle et demi, ne donna pas de signe d'activité. Serait-ce parce que l'effort producteur de ses éruptions aurait changé momentanément son point d'application? Serait-ce que les matériaux d'une éruption vésuvienne auraient été employés à former le soulèvement du Monte-Nuovo et à fournir les matières éruptives de ce volcan d'une semaine?

Quoi qu'il en soit, le Vésuve conserva son calme pendant plus de cent ans encore, et ce n'est qu'en 1631 qu'il se réveilla de ce long sommeil par l'éruption la plus mémorable, la plus terrible et la plus désastreuse parmi celles dont nous avons eu à parler, y compris même celle de 79.

Éruption de l'an 1631.

(HISTORIENS : Théodore Vallé, Mascoli, Recupito, Carafa, Giuliani.)

Plus de vingt secousses de tremblements de terre s'étaient fait sentir pendant la nuit du 15 au 16 décembre 1631, lorsque, sur le matin de ce dernier jour, on vit s'élancer du sommet du Vésuve une fumée très-épaisse et très-abondante. Le jet s'éleva verticalement jusqu'à une certaine hauteur, puis, s'étendant horizontalement, produisit des entassements de nuages gros comme des montagnes dont tout le golfe de Naples fut obscurci. De ces nuages tombaient des pluies serrées de sables et de cendres qui couvrirent tous les lieux voisins de la montagne et salirent les eaux de la mer. En même temps des *flèches* de feu et des éclairs multipliés sillonnaient dans toutes les directions cette nuit accidentelle. Ce qui compléta encore la ressemblance avec un orage des plus épouvantables, c'est que bientôt on entendit à de courts intervalles comme d'affreux coups de tonnerre. La montagne ne cessa ensuite de lancer à une hauteur prodigieuse des débris de roches d'une grosseur considérable.

Vers midi du lendemain, au milieu du jour lugubre que faisait la cendre dispersée dans l'air, toute la montagne fut agitée d'horribles convulsions, et, après un fracas épouvantable, elle s'ouvrit vers son sommet, du côté de Saint-Jean-de-Teduccio. Alors un torrent de laves bouillonnantes, semblables à du cristal en fusion, sortit violemment par l'ouverture et courut avec rapidité sur les pentes de la montagne, en même temps que, suivant le père Mascoli, un fleuve de *cendre enflammée* s'épanchait du sommet du cratère.

Les historiens de l'époque, et entre autres les Pères Recupito, Jésuite, et Carafa, Théatin, disent que le courant de lave se divisa en sept branches. La première se dirigea sur Piétra-Bianca, entre Saint-Jean-de-Teduccio et Portici ; la deuxième à Sainte-Marie-du-Secours près de Portici ; la troisième, passant par les terres de Saint-George et de Cremano, se porta sur Saint-Jorio ; la quatrième toucha Portici et Granatello ; la cinquième, par Notre-Dame-de-Pugliano et Résina, vint à Torre-del-Greco ; la sixième aboutit à la tour de l'Annonciade, et enfin la septième, traversant Saint-Sébastien et Massa-di-Somma, toucha Notre-Dame-de-l'Arc. Encore quelques-unes de ces branches se sous-divisant, portèrent-elles des désastres en des lieux autres que ceux que nous venons de nommer.

Rien ne resta des jardins si délicieux, des vergers si agréables et si frais de Piétra-Bianca, de Sainte-Marie-du-Secours et de Portici, non plus que des cultures célèbres de grenadiers de Granatello. Sur les terres de Saint-George et de Cremano, l'église de Saint-George seule ne fut pas détruite. Résina fut tout entière mise en ruines et brûlée. Les deux tiers de la Tour-du-Grec et à peu près la moitié de la Tour-de-l'Annonciade eurent le même sort.

Remarquons le courant partiel qui se porta vers Notre-Dame-de-l'Arc. La réalité de l'existence de ce courant est acquise non-seulement par les relations de l'époque qui la mentionnent, mais encore parce qu'il est indiqué explicitement dans les dessins dus à Carafa, à Mascoli et à Giuliani. Or ce fait dispense de s'expliquer la présence de laves à Notre-Dame-de-l'Arc par ceci que, comme le voudraient quelques-uns, les monts Somma et Ottajano auraient été primitivement les monts éruptifs, tandis que le Vésuve actuel ne serait que le produit d'une éruption postérieure.

Ajoutons que le fleuve de cendre enflammée prit aussi plusieurs directions et se porta d'une part jusqu'à Saint-Sébastien et de l'autre jusqu'à la Tour-de-l'Annonciade, et qu'il fut pour une part dans les destructions déjà mentionnées de ces deux bourgs.

Indépendamment de la lave et de la cendre enflammée, d'autres causes encore, deux principalement, déterminèrent la désolation du pays : ce sont les tremblements de terre et ce que l'on appela les *laves d'eau*, double fléau qui persista jusqu'à la mi-janvier 1632. Le samedi 20 décembre 1631, particulièrement, les secousses du sol furent si violentes que même à Naples un grand nombre d'édifices en souffrirent beaucoup, ce qui implique que dans le voisinage du mont il y eut d'assez grands désastres. Quant aux *laves d'eau*, leur cause doit être attribuée à des pluies torrentielles qui avaient duré plusieurs jours. Les grandes quantités de cendres rejetées par le volcan, s'accumulant au devant des eaux pluviales en digues, quelquefois assez puissantes, les eaux cependant finissaient par rompre ces digues, et de là des débâcles considérables qui renversèrent quelques maisons et en enfouirent d'autres sous la cendre entraînée.

Comme en 79 et dans la plupart des éruptions d'une violence notable, la mer, repoussée de ses rives et puissamment agitée par les soubresauts de son littoral, y revenait ensuite avec fracas, passant même par dessus ses limites naturelles.

L'éruption ne cessa et un calme relatif ne se rétablit que le 25 février 1632 ; les tremblements de terre durèrent, s'affaiblissant toutefois progressivement, pendant plusieurs mois encore après cette dernière date. Au dire de Théodore Valle, témoin oculaire des faits de cette éruption, les secousses du sol furent si violentes que beaucoup de villages furent entièrement détruits et plus de 30,000 personnes trouvèrent la mort dans ces désastres.

Éruption de l'an 1660.

(Historiens : Joseph Macrino, Sorrentino).

Après un repos de vingt-huit années, le Vésuve eut une nouvelle éruption en 1660, rapportée par Joseph Macrino et Sorrentino. Ici les avertissements préliminaires manquèrent : sans tremblements de terre, sans bruit préalable, le cratère se remplit de la lave bouillonnante, qui déboucha par les ouvertures restées béantes à son fond depuis 1632, et au mois de juillet 1660 le torrent s'épancha du sommet jusque sur les campagnes environnantes. Cet épanchement fut suivi de jets de nuages de fumée et d'éjections de cendre et de sable. La lave, les cendres et le sable causèrent aux environs un dommage notable.

Un intervalle de vingt-deux ans d'inactivité suivit l'éruption précédente ; mais nous verrons que, à partir de 1682, le Vésuve, comme nous l'avons déjà fait observer, fut presque constamment en ébullition jusque vers l'an 1737. On pourrait presque dire que pendant plus de cinquante ans la somme des durées des temps actifs a été à peu près égale à celle des durées des périodes de tranquillité.

Éruptions des années 1682, 1685, 1689, 1694, 1696, 1697, 1698, 1701, 1704, 1705, 1707, 1708, 1712, 1713, 1714, 1717, 1718, 1720, 1723, 1724, 1725, 1726, 1727, 1730, 1733, 1734.

(HISTORIENS : Ignace Sorrentino, François Balzano, Thomas Bifulco [histoire manuscrite]).

L'éruption du 12 août 1682 préluda par des nuages de fumée qui versèrent une pluie de cendre, de sable et de pierres d'abord sur la Tour-du-Grec, puis vers Ottajano, et successivement sur d'autres lieux plus éloignés. Ignace Sorrentino et François Balzano racontent que ces premiers phénomènes se continuèrent jusqu'au 22 du mois, avec accompagnement de *flèches de feu* et de secousses de tremblements de terre. La lave s'éleva dans le cratère, y débouchant par les ouvertures de trois gouffres ; mais elle n'arriva pas jusqu'au sommet, et il n'y eut pas d'épanchement.

Les mêmes phénomènes se manifestèrent dans les éruptions de 1685 et 1689 ; mais le Vésuve, dans les intervalles assez courts compris entre ces périodes actives, ne donna pas plus de fumée qu'il n'en produit ordinairement par sa bouche supérieure.

Le 12 mars 1694, après des tremblements de terre ressentis dans les premiers jours du mois, se manifesta le commencement d'une éruption qui, sans être désastreuse, a plus d'importance que les deux précédentes. Cette fois la lave, qui n'avait pas eu d'épanchement depuis 1660, s'écoula par dessus le rebord en un torrent de 4 mètres de large et d'un peu plus de 2 mètres de profondeur. Arrivé dans la *fosse aux corbeaux*, près de l'Ermitage-du-Sauveur, le courant se divisa en deux branches, dont l'une se rendit vers la Tour-du-Grec et l'autre vers Saint-George-de-Cremano, où il s'arrêta, après avoir coulé pendant quatre jours entiers.

Une autre éruption donna, vers le milieu du jour du 4 août 1694, un épanchement d'un torrent lavique, qui coula pendant dix jours du côté de l'Ermitage et fut arrêté par la lave refroidie précédente, sans avoir commis aucun dommage.

L'année suivante, en 1697, la montagne avait commencé par jeter du feu le 15 septembre. Le 18 la lave s'épancha du sommet et se dirigea du côté de la Tour-du-Grec, se divisant et se sous-divisant, en présence d'obstacles, en un grand nombre de courants, qui ne cessèrent de couler que le 26 du mois. La Tour-du-Grec eut beaucoup à souffrir et dans ses récoltes et dans les habitations de son territoire.

Peu de mois après, le 25 mai 1698, une coulée de lave, partant du sommet, se dirigea vers Résina, puis se partagea en deux branches, qui coulèrent jusqu'au 28 du même mois, l'une du côté de l'Ermitage, l'autre vers la *fosse aux cerfs*. Puis un nouveau courant prit naissance et descendit en deux jours à la Tour-du-Grec. Alors, et jusqu'au 12 juin, on ressentit de fréquentes secousses de tremblements de terre, on entendit des grondements souterrains et des tonnerres, pendant que le cratère lançait des cendres et des pierres en grande quantité, et qu'il s'en échappait des monts de fumée que déchiraient de temps en temps des flèches de feu.

Le 1er juillet 1701 commença une autre éruption. Ce fut d'abord une éjection de cendres et de pierres; puis la lave s'éleva bouillonnante dans le cratère jusqu'au jour suivant, où elle s'épancha par dessus les bords. Un double courant se dirigea vers le bois d'Ottajano et vers Bosco; ici, il forma une rivière large de 70 mètres et haute de 6[m],5; l'abondance du cours dirigé vers Ottajano et sa rapidité s'accrurent le 6, et l'écoulement ne s'arrêta que le 15.

Les éruptions du 20 mai 1704, de la fin de 1705 au 23 juillet 1706, du 28 juillet au 18 août 1707 furent marquées par les mêmes phénomènes. Un grondement sourd, qui se faisait entendre fort loin, accompagna dans chacune la chute d'une pluie assez abondante de cendre et de pierres, et l'on vit le sommet de la montagne constamment couronné d'un cercle de feu, dû à la lave qui remplissait le cratère, jusqu'au-dessus de la margelle. Toutefois l'éruption de 1707 se distingua un peu des autres par une plus grande violence des phénomènes et par des secousses du sol qui se firent sentir, à intervalles, pendant toute sa durée. Moins d'un an après, le 14 août 1708, il arriva encore une éruption, assez faible ; car elle ne consista qu'en l'éjection d'une certaine quantité de fumée et de cendre.

Les mémoires manuscrits, où sont consignées les relations des quatre éruptions précédentes, s'accordent parfaitement pour les détails avec les récits de Sorrentino, à qui on doit l'histoire des phénomènes vésuviens de 1660 à 1734.

Après un peu plus de trois années d'inaction, le Vésuve manifesta son activité dans une éruption, qui débuta le 5 février 1712 par une pluie de cendres, dont la chute dura vingt jours sans interruption. Ce n'est qu'au 26 avril que la lave, mais en quantité considérable, descendit du sommet vers la *fosse blanche;* puis, du 12 au 17 mai, diverses coulées pénétrèrent dans le territoire de la Tour-du-Grec. Le 29 octobre une nouvelle coulée descendit à la fosse blanche, et une autre arriva le 8 novembre vers la Tour-du-Grec. Cette éruption est la première d'un groupe, dont la suivante commença le 13 avril 1713, puis une autre encore qui dura du 21 au 30 juin 1714. Le 13 avril 1713 le Vésuve fut tellement illuminé qu'il paraissait tout en feu ; le 9 mai, la lave descendit jusque vers la *fosse aux cerfs*, qui est au pied de la montagne ; puis, du 20 au 25 du même mois, d'autres courants se dirigèrent vers Ottajano, la Tour-du-Grec et Résina. Dans l'éruption de 1714, des bruits sourds, des tremblements de terre précédèrent et accompagnèrent les autres phénomènes, qui consistèrent en une projection dans les airs de cendres et de pierres, et en des torrents de laves dirigés vers Bosco et la Tour-de-l'Annonciade.

Voici un autre groupe d'éruptions tellement rapprochées les unes des autres qu'elles semblent n'en faire qu'une seule, dont la durée aurait été de plus de onze ans, avec quelques intervalles de repos. C'est d'abord celle de 1717. Le 6 juin de cette année, un violent effort intérieur produisit une secousse terrible en déchirant vers son sommet un côté de la montagne. De l'ouverture s'élança un ruisseau de lave qui, divisé en deux branches, se porta d'une part vers Bosco-tre-Case et de l'autre vers la Tour-du-Grec, embrassant le mont Saint-Ange des Camaldules, et ne s'arrêta que le 22. Dans l'éruption de 1718 un triple courant se dirigea, partie vers le Mauro, du côté d'Ottajano, partie vers Bosco, partie vers Résina : du 16 septembre 1718 au 9 juillet 1719 l'écoulement n'eut pas d'interruption. Une éruption suivante dura du 7 mai au 29 juin 1720, période pendant laquelle des bruits sourds ne cessèrent de se faire entendre, en même temps que le cratère lançait de la cendre. En 1723, le 23 juin, la lave se répandit dans le vallon ; puis, du 29 juin au 8 juillet, il en coula vers le Mauro. Du 12 au 29 septembre 1724 une coulée couvrit celle de 1717. En 1725, le 16 janvier, un torrent se dirigea du côté de la Somma et se répandit avec plus d'abondance dans le Vallon pendant le mois de mai tout entier. A partir du 20 avril 1726, un double torrent se dirigea d'une part vers la Tour-du-Grec, et s'arrêta tout à fait en décembre, après plusieurs interruptions. En 1727 et 1728 une même éruption envoya des laves vers le Sauveur et Résina, du 26 juillet de la première année au 29 du même mois de la seconde : toutefois cette coulée eut un certain nombre d'interruptions et de reprises.

Nous arrivons à une série d'éruptions qui, comme les précédentes, peuvent être groupées en une seule, dont la durée serait de quatre ans, en y comprenant des intervalles de repos. La première de ce groupe est celle qui débuta le 27 février 1730 par des éjections de pierres mêlées à des cendres, et produisit le 19 mars un torrent de laves qui descendit pendant onze jours vers le bois du Prince d'Ottajano. Après un tremblement de terre qui, le 19 novembre 1732, avait fait souffrir des dommages aux villes et aux bourgs des environs du Vésuve, le volcan eut, le 8 janvier 1733, une éruption dans laquelle il vomit à plusieurs reprises jusqu'au 5 mai une assez grande quantité de laves. D'après Sorrentino, le fond du cratère s'éleva ensuite à la hauteur du rebord et fut trouvé par des visiteurs le 6 juin presque aussi uni qu'une plaine. Le 14 du même mois de juin commença une autre éruption, à l'occasion de laquelle Sorrentino parle d'un phénomène dont on n'avait pas encore constaté l'apparition : au milieu de la fumée et des cendres que rejetait le volcan, on voyait des espèces de cercles d'une fumée différente de celle de la masse et qui persistaient en l'air quelquefois pendant un demi-quart d'heure. Du 10 juillet jusqu'au 10 janvier 1734, avec des interruptions cependant, la lave descendit en un torrent qui se dirigea moitié vers Ottajano, moitié vers Torre-del-Greco (la Tour-du-Grec).

Éruption de 1737.

(HISTORIENS : de Montéalègre, François Serrao, Ferelli, Della Torre.)

M. de Montéalègre a communiqué à l'Académie des sciences de Paris une relation de l'éruption qui eut lieu en 1737. Il existe du même fait considérable un récit de D. François Serrao, médecin et professeur de l'Université de Naples, dans son *Histoire du Vésuve*, ouvrage couronné par l'Académie des sciences de Paris. C'est à ces deux relations et à celle du P. Della Torre que nous emprunterons les détails qui vont suivre.

Une opinion, généralement admise et bien accréditée dans le pays, voulait que les éruptions fussent peu redoutables, lorsqu'elles étaient précédées d'une émission de fumée abondante ou prolongée. Or, avant que se fît l'éruption dont nous allons parler, la montagne ne cessait de vomir, depuis sept ans, des tourbillons d'une fumée souvent très-épaisse. Cependant les faits ne laissèrent pas que d'être d'une violence extrême, et l'on dut renoncer à regarder comme l'expression de la vérité la relation dont nous venons de parler entre les avant-coureurs du phénomène et l'intensité du phénomène lui-même.

Depuis sept ans donc le Vésuve fumait abondamment et d'une manière continue ; mais le 14 mai 1737 la fumée et l'éclat du foyer firent présumer par leur accroissement une activité prochaine du volcan. Et, en effet, dans la nuit du 15 au 16, la lave enflammée vint couronner le rebord de sa ceinture éclatante, en même temps que de grosses pierres étaient lancées par le gouffre. Bientôt il s'épancha un torrent lavique qui semblait menacer Bosco ; mais jusqu'au 20 l'état des choses n'avait pas empiré. A cette dernière date, la flamme devint visible en plein jour, tant le feu était ardent ; la pluie de cendres, de cailloux, de pierres spongieuses devint aussi plus abondante et plus précipitée. Elle dura jusqu'au 23 mai, pendant que des flèches de feu, appelées *ferrilli* par les habitants, sillonnaient les nuages de fumée. Cependant vers deux heures après midi de ce jour, 23, on entendit sur la montagne un bruit assez considérable dû sans doute au travail de la matière pour s'ouvrir un passage au travers des parois de la chaudière où elle bouillonnait. A six heures et demie on entendit une explosion épouvantable; une ouverture s'était faite au sud-ouest, par laquelle s'élança un torrent abondant de lave en fusion, qui arriva en quatre heures, après plusieurs reprises, à la première plate-forme au-dessous du rebord. Vers huit heures du soir la matière parut enveloppée d'une vapeur sombre, que sillonnaient des éclairs d'un rouge ardent ; puis, un nouveau torrent lavique plus impétueux courut sur la pente, se dirigeant vers le pied de la montagne. A neuf heures sa source paraissait ralentie et les matières en fusion perdaient de leur éclat. Cependant la cime du volcan vomissait avec la même abondance des flammes et des tourbillons de fumée ; les mugissements intérieurs et les sifflements des vapeurs avaient le même degré de fureur.

A onze heures et demie du soir le courant devint tout à coup plus fécond, et en même temps la crevasse qui l'alimentait donna plus de fumée et de flammes, lança une prodigieuse quantité de foudres, et même des pierres, ce qui n'était pas arrivé dans la première éruption. Le feu communiqué par ces pierres embrasées réduisit complétement en cendres une forêt de genêts qui couvrait une partie de la campagne.

La montagne paraissait toute en feu, illuminée par l'éclat du torrent et la reverbération des nuages qui lui en renvoyaient la lumière. Bientôt elle se mit à éclater et à tonner sans interruption et avec tant de fracas qu'on pouvait s'imaginer qu'elle ne tarderait pas à être brisée et ses débris à être dispersés de toutes parts. Alors les secousses du sol devinrent tellement violentes que personne ne se crut plus en sûreté dans les maisons ébranlées, et les habitants se mirent à fuir avec horreur ce théâtre de désolation. Dans les dernières vingt-quatre heures la lave avait couvert sur le premier plan du Vésuve un espace de 500 pas napolitains de long sur 300 de large. Aussi, on le comprend, la matière en ignition avait cessé de se montrer au-dessus du rebord.

Le 21, la lave de nouveau accumulée se fraya diverses routes, et alla porter la désolation et l'incendie dans les cultures de vignes et les plantations d'arbres des environs. Après avoir coulé d'abord du sommet vers l'Orient, le torrent avait jeté deux branches. L'une se portant vers Résina, qu'elle menaçait d'une ruine totale, tomba dans une vallée qui en est peu distante, pour se diriger ensuite vers les *Capucins*, où elle s'arrêta. Elle avait 3960 mètres de longueur, 151 mètres de largeur et $5^{m},50$ de hauteur (toutes ces dimensions sont des moyennes). La deuxième branche, qui se jeta sur le côté, couvrit une grande étendue de terrain de la Tour-du-Grec : elle avait 2530 mètres de longueur, dont les 2300 premiers comptaient en moyenne 57 mètres de largeur et $2^{m},75$

de hauteur, tandis que les 230 mètres, restants sur la longueur totale, avaient en moyennes 27 mètres de large et 10 de haut. Ces deux branches et les autres ramifications de moindre importance s'étaient arrêtées dans la matinée du 21 mai. Le torrent principal, qui ne cessa de s'avancer qu'à cinq heures du soir, se porta sur l'église du Purgatoire, dans laquelle il pénétra, y introduisant l'incendie. Ensuite, se dirigeant du côté de l'église des Carmes, voisine de la Tour-du-Grec, il s'y introduisit, après avoir brûlé une petite porte. Puis grossissant toujours, il s'éleva jusqu'à la hauteur des cellules des religieux, inonda une partie du réfectoire et de la sacristie, et enfin s'avança jusqu'en vue des bords de la mer, où il s'arrêta. — La longueur du dernier torrent était de 7800 mètres, dont les 1650 premiers mesuraient 150 mètres de large et $2^{m},2$ de hauteur; les autres 6150 mètres de la longueur avaient 52 mètres de largeur moyenne et 8 mètres de hauteur.

Le 24, après une explosion prolongée, qui semblait être une nouvelle menace, les foudres volcaniques sillonnèrent de nouveau l'atmosphère autour de la montagne; mais le feu produit par la cime perdait cependant de son activité. Le décroissement de violence fut plus sensible encore le 25; puis l'incendie alla toujours en diminuant jusqu'au 29, où il parut complétement éteint. Cependant il continuait de s'échapper du cratère une fumée très-épaisse qui, à la suite de pluies abondantes, devint blanche le 5 et le 6 juin. Alors il en résulta une vapeur infecte, qui se répandit dans les environs de la Tour-du-Grec. C'était une odeur suffocante de soufre brûlé, qu'on n'avait pas remarquée jusqu'alors. Les feuilles et les fruits des arbres qu'elle toucha furent gravement endommagés ou même détruits. A la suite d'une seconde pluie, quelques jours après, la lave exhala une nouvelle odeur excessivement suffocante, non sulfureuse toutefois, qui occasionnait de violentes douleurs de tête.

Cette éruption avait duré vingt-deux jours. Le docteur Serrao, ayant mesuré et calculé le volume des laves émises dans cette éruption, a trouvé, pour les matières des diverses ramifications, un nombre qui équivaut à 10,868,380 mètres cubes.

La matière du torrent de laves, dit M. de Montéalègre, était semblable à l'écume qui sort d'un fourneau de forge. Elle resta incandescente extérieurement jusqu'au 25 mai. Au commencement de juillet, on voulut dégager un grand chemin que la lave obstruait; mais les ouvriers durent abandonner le travail, parce que la température était encore à l'intérieur tellement élevée que les outils de fer employés en étaient rougis et amollis.

Éruption de 1751.

(HISTORIEN : le Père della Torre.)

Pour la description de l'éruption de 1751, ainsi que pour la suivante et l'état du Vésuve jusqu'en 1760, nous résumerons ce qu'en a écrit le Père della Torre, observateur consciencieux et infatigable, qui alla bien des fois sur la montagne y étudier les faits du volcan. — Le 19 novembre il sortait de la fumée par quelques crevasses du cratère, mais plus abondamment par l'ouverture du sommet du cône adventice. En s'échappant, cette fumée produisait un sifflement semblable à celui qu'occasionne un métal en fusion qui traverse un canal humide. Le 22, vers trois heures après midi, un grand bruit fut entendu du côté d'Ottajano, et le 23, à dix heures du matin, un tremblement de terre assez sensible fut ressenti à Naples et à Massa-dì-Somma. Le 25, à quatre heures du matin, la matière liquide s'ouvrit avec grand bruit, un peu au-dessus de l'Atrio, un vaste chemin au travers d'une ancienne lave, qui fut fendue en gros quartiers et renversée avec le sable dont elle était recouverte. Alors le torrent, d'une matière semblable à du cristal fondu, assez épais, descendit sur l'Atrio-del-Cavallo et prit le chemin de Bosco-tre-Case. Rencontrant un vallon, il s'y précipita, se dirigeant vers le Mauro, du côté des bois du prince d'Ottajano. Le courant faisait, le premier jour, à peu près 900 mètres par heure ; mais la vitesse se ralentit progressivement.

Della Torre, qui stationna en avant de la tête de la lave, à 4 mètres à peu près, nous dit qu'à cette distance les arbres et les vignes subsistaient encore, et qu'il y ressentait une chaleur bienfaisante qui lui donnait des forces et de la vigueur. Mais il avait à se sauvegarder contre les chutes de pierres et d'autres blocs, que le courant portait à sa partie supérieure et qui descendaient de temps en temps sur la pente antérieure. Lorsque la lave rencontrait un obstacle, elle s'arrêtait en face, coulait de chaque côté, jusqu'à ce qu'elle eût atteint une hauteur plus grande que celle de l'obstacle, et alors elle passait par dessus. Pour les arbres qui se trouvaient sur le chemin du courant, ils étaient entourés, leurs feuilles s'enflammaient subitement, leurs troncs se rompaient, et la portion supérieure entraînée se consumait à une distance plus ou moins grande. Toutefois, lorsque c'étaient de gros arbres, les feuilles et les petites branches seulement étaient brûlées, et le reste, carbonisé sur place, a pu souvent être découvert à cet état dans la lave refroidie.

Le torrent se moulait plus ou moins sur le terrain où il coulait, se resserrant et croissant en profondeur, ou s'élargissant et décroissant en hauteur, suivant que le vallon où il avait son cours, était plus étroit ou plus large. Après avoir parcouru le vallon de Fluscio, la lave arriva vers une heure après midi du 26 novembre au vallon de Buonicontro. Elle s'arrêta sur le bord, s'éleva à la hauteur des peupliers dont il était planté, puis la matière de dessous y tomba et le remplit rapidement. Arrivée à l'extrémité de Buonicontro, sur le soir, elle se répandit dans les terres, où elle s'étendit, le lendemain 27, sur une longueur de 520 mètres, une largeur très-variable, mais quelquefois assez grande, et une épaisseur moyenne de 3 mètres. Alors elle se refroidit; mais le volcan fournissant toujours une nouvelle quantité de liquide, le mouvement progressif de la lave ne s'arrêta pas; seulement il devint plus lent et prit de l'irrégularité. L'écoulement ne cessa que le 9 novembre, pendant la durée de pluies qui furent presque continuelles du 29 octobre au 16 novembre.

Il est curieux de savoir ce qui se passe lorsqu'un courant rencontre une maison. Comme en présence de tout autre obstacle, d'après della Torre, il s'arrête à 3 décimètres des murs, se gonfle et donne deux ruisseaux, qui coulent chacun d'un côté sans toucher les murs latéraux. Le bois des portes fortement échauffé est carbonisé, puis consumé; ensuite une langue de lave pénètre par l'ouverture, léchant les jambages, mais ne s'avançant dans l'intérieur qu'en une pointe de 1 mètre à peu près, un peu plus ou un peu moins, suivant la largeur de la porte.

Della Torre visita dans tout son cours, le 22 et le 23 mai 1752, la lave refroidie dont nous venons de parler. Alors on pouvait marcher dessus sans éprouver une sensation bien notable de chaleur; mais par les crevasses qui s'étaient faites nombreuses et profondes, il s'échappait des gaz très-chauds et irrespirables, qu'il croit devoir assimiler à celui qui occasionne les phénomènes de la Grotte-du-Chien. Nous ne nous arrêterons pas plus longtemps sur les observations relatives à la nature des produits du volcan : les éruptions plus récentes nous fourniront l'occasion d'y revenir. Ajoutons cependant ceci : bien que nous n'ayons parlé que d'un seul courant de lave dans la dernière éruption, il y en eut cependant quelques autres, mais d'une importance beaucoup moindre.

Éruption de 1754.

(Historien : le Père della Torre.)

Aucun bruit, aucune secousse n'annonça l'éruption de 1754; seulement on vit la fumée s'écouler plus rapide par l'ouverture du sommet du cône intérieur au cratère. Deux bouches s'ouvrirent le 2 décembre 1754, l'une du côté de Bosco, l'autre du côté d'Ottajano, et jetèrent dans ces directions des torrents abondants de liquide enflammé. Le 20 décembre notre observateur, le Père della Torre, vit le torrent de feu descendre avec une vitesse que les yeux pouvaient à peine suivre (!), de l'Atrio vers Bosco-tre-Case, là où, il est vrai, la pente est rapide. Le 14 décembre la principale branche, qui était arrivée dans un petit vallon de bois du prince Ottajano, y avait 15 mètres de large et $1^{m},3$ de hauteur, et une vitesse de 10 mètres par heure. Elle avait la même vitesse le 15 à neuf heures du matin, bien que sa largeur fût de 21 mètres et sa hauteur de 2 mètres et plus. Della Torre approcha plusieurs fois du courant une aiguille de boussole et ne reconnut pas d'action. A 900 mètres de la source du torrent il trouvait la lave refroidie extérieurement; mais des ouvertures de la croûte lui permirent de constater que c'était comme un tuyau que le courant embrasé parcourait dans sa longueur.

C'est le même jour, 15 décembre, que le Père della Torre remarqua pour la première fois ces cercles blanchâtres, denses et persistants, dont il a été question dans un récit de Sorrentino. Quelques-uns résistaient pendant plus d'un quart d'heure, et il y en eut même un qui ne se dissipa qu'après trois quarts d'heure. A la simple vue ils semblaient s'élever au-dessus du sommet du mont, deux fois autant que celui-ci est au-dessus de l'Atrio. Le lendemain et les jours suivants, il en fut remarqué plusieurs autres. On peut les comparer, à la durée près, aux anneaux que forme dans l'air le phosphure d'hydrogène en s'y brûlant et qui, s'élargissant progressivement, finissent par disparaître lorsque leur matière s'est suffisamment raréfiée.

Le 30 décembre, étant monté au sommet du Vésuve du côté d'Ottajano, della Torre vit le fond du cratère tout fumant et exhaussé de $1^{m},5$ par les produits des déjections du cône.

Lorsque les courants vers Bosco-tre-Case et Ottajano cessèrent de couler, le 20 janvier 1755, l'incendie apparut au sommet de la montagne. Alors aussi le Vésuve lança au travers de la fumée une grande quantité d'écumes enflammées, ce qui produisait pendant la nuit la plus grandiose et la plus agréable des illuminations. Les fragments rougis, dont quelques-uns étaient assez volumineux, étaient projetés si haut qu'ils employaient huit secondes à descendre sur le sol de la montagne. Les uns retombaient dans le cratère, tandis que d'autres, arrivant en dehors de l'ourlet, roulaient sur la pente jusqu'au bas de la montagne, c'est-à-dire avaient une course d'à peu près 5 1/2 kilomètres.

Cependant le cône intérieur, qui précédemment était peu considérable, s'augmenta des produits de cette dernière éjection et en hauteur et aussi en diamètre; bientôt on commença à l'apercevoir de Naples, d'où auparavant il n'était aucunement visible.

Le 31 janvier 1755, vers neuf heures du matin, deux nouvelles bouches s'ouvrirent du côté d'Ottajano, et les deux torrents qu'elles vomirent, suivirent le même cours que les précédents. Cet écoulement mit fin aux éjections par le sommet.

Le 23 février le cône était encore sensiblement augmenté dans sa hauteur et sa circonférence de base ; puis le fond du cratère était élevé de 32 mètres au-dessus de son niveau primitif. Le 9 avril les choses avaient persisté dans le même état ; mais le 22 mai le fond du cratère s'était tellement abaissé qu'il se trouvait à 16^{m},5 au-dessous du rebord, au lieu de 6 à 7 mètres qu'il y avait le 9 avril. Toutefois il n'avait pas repris son ancien niveau, puisque ce niveau se trouvait avant l'éruption à 38^{m},5 au-dessous du sommet de l'ourlet.

On voyait alors béante, à côté du cône adventice, l'ouverture d'un gouffre, dont on pouvait estimer la profondeur comme étant très-considérable. Une tentative avait été faite quelques jours auparavant pour la mesurer; mais le fil de fer employé, qui avait 390 mètres de long et qui portait un gros poids, se rompit et ne permit pas de mesurer plus de 55 mètres.

M. Porta, compagnon de course de della Torre, qui avait fait la tentative de mesure dont nous venons de parler, voulut visiter les ouvertures d'écoulement de la lave. Il trouva, en pénétrant dans celle de la plus récente coulée, une grotte immense terminée en dôme, dont les parois refroidies étaient toutes tapissées de substances salines; en outre des espèces de stalactites, en forme de chandelles, pendaient à la voûte et produisaient le plus bel effet par la variété de leurs couleurs.

Cependant l'éruption n'était pas encore terminée à l'époque où nous sommes restés; elle se continua sans interruption pendant la fin de 1754 et pendant toutes les années suivantes, jusqu'en 1760. On peut affirmer que pendant toute cette période de six années, le Vésuve n'a pas été peut-être un seul jour sans lancer des cendres ou des pierres par son sommet, ou bien sans vomir des laves par ses flancs entr'ouverts. Bien des fois, pendant les années 1755, 1756, 1757, on vit le sommet de la montagne se couronner d'un anneau de feu, tant le cratère était rempli par la matière bouillonnante, et l'illumination subsistait jusqu'à ce qu'un épanchement par dessus le rebord ou un écoulement par les parois eût abaissé le niveau du liquide de la chaudière.

Le cône intérieur, dont nous avons dit l'accroissement, s'augmenta peu à peu pendant cette si longue éruption. Tandis que, sur la fin de 1754, son sommet dépassait assez peu le rebord pour être à peine visible de Naples, il était déjà arrivé, le 10 mai 1755, à s'élever de 30 mètres au-dessus de ce rebord. Il avait une figure ovaloïde, dont la section au niveau du sommet de l'ourlet mesurait 1480 mètres de circonférence et était distante, en moyenne, de 169 mètres du périmètre de la margelle. En 1757 le cône avait pris du développement et était devenu tel que ses pentes se confondaient avec la déclivité de la montagne proprement dite : sa hauteur oblique était alors de 70 mètres au-dessus de l'ourlet. Arrivé à cet état, le cône y persista à peu de chose près jusqu'au commencement de 1759, époque d'une catastrophe mémorable. Du côté d'Ottajano, la plus grande partie du cône se précipita sur le plan de l'Atrio, entraînant dans sa chute une partie de la déclivité qui constituait l'ourlet ou le rebord de l'ancien cratère. Ce qui restait du cône adventice conserva dans sa partie la plus élevée, du côté opposé à Ottajano, une hauteur oblique de près de 70 mètres, celle qu'avait le cône avant la catastrophe qui le renversa. A partir de cette pointe, la margelle allait décroissant en hauteur de chaque côté, jusqu'au point diamétralement opposé, par où la lave continuait à couler en 1759. On voyait alors, s'ouvrant dans le plancher de la chaudière, du côté d'Ottajano et du côté de Naples, deux gouffres profonds, dans lesquels, comme dans deux vases immenses, la lave continuait à bouillonner. D'ailleurs on reconnaît encore au Vésuve actuel quelques restes du cône d'avant 1759, surmontant le rebord qui limite le cratère.

Il y eut, en 1760, une espèce d'éruption où nous ne trouvons aucune circonstance digne d'être notée. D'ailleurs est-ce une éruption distincte, ou n'est-ce pas plutôt la fin de la longue éruption dont nous venons de dire les phases principales?

Éruption de 1765-1766.

(Historiens : Hamilton, della Torre.)

L'éruption de 1765-1766, dont nous allons parler, fut suivie et observée par le chevalier William Hamilton, célèbre naturaliste, ministre du roi d'Angleterre à la cour de Naples. Nous résumerons ce que rapporte cet observateur sur l'événement dont il adresse le récit au comte de Morton, président de la Société royale de Londres, par une lettre datée du 10 juin 1766 et par d'autres postérieures, où il complète les renseignements de la première. Il était arrivé à Naples le 17 novembre 1764. Pendant la première année de son séjour sur les lieux, il n'avait pas eu l'occasion de remarquer un changement bien sensible dans la montagne volcanique; seulement il avait observé ou cru observer que la fumée devenait plus abondante et les explosions intérieures plus fréquentes, lorsqu'il faisait mauvais temps. Est-ce, dit-il, pour s'expliquer cette observation, est-ce que la mer, étant alors plus agitée, pénétrerait de force par des crevasses du terrain dans le lieu même du foyer? Quoi qu'il en soit, plus blanche et plus humide par les temps agités, la fumée était alors plus supportable à la respiration que dans des temps meilleurs, où elle a une odeur suffocante de vapeurs sulfureuses.

Ayant été favorisé par un beau temps, dans quelques ascensions sur la montagne, il put voir et distinguer assez profondément dans la bouche du volcan; les parois du gouffre se montraient incrustées de substances cristallines de couleurs variées: blanches, vertes, jaune foncé, jaune pâle. La tranquillité du volcan lui permit d'examiner à l'aise ces détails.

Au mois de septembre 1765, la fumée devint plus abondante, mais restait blanche ou au moins grise. Plus tard, en octobre, des bouffées d'une fumée noire s'élançaient de temps à autre au travers de la fumée blanche; puis la fumée noire devint de plus en plus fréquente. Au commencement de novembre, Hamilton signala sur le Vésuve couvert de neige, à quarante pas de la bouche, un petit monticule de soufre de près de 2 mètres de hauteur, qu'il n'avait pas vu précédemment et dont le sommet laissait constamment s'échapper une flamme bleue. Alors déjà il entendit une explosion violente, et bientôt il aperçut, s'élançant de la bouche du volcan, une colonne de fumée noire, puis une flamme rougeâtre, et ensuite une grêle de pierres dont une faillit l'atteindre.

Cependant la fumée continuait à devenir plus abondante et de couleur plus foncée: plusieurs semaines avant l'explosion, elle paraissait toute noire pendant le jour, mais de feu pendant la nuit. Vers le milieu de mars, les tourbillons de fumée et de vapeur s'épaissirent encore et prirent au-dessus du mont cette forme que Pline avait comparée à un pin gigantesque. Alors elle était chargée de cendres qui, tombant sur les vignes, y causèrent un grand dommage en détruisant les feuilles.

Mais c'est le 28 mars à sept heures du soir, après une violente explosion, que la lave, dépassant le sommet du rebord, se mit à courir sur la pente, formant d'abord un seul fleuve, qui se séparait ensuite en deux parties dirigées l'une et l'autre vers Portici. Des grêles de pierres avaient accompagné la première explosion; elles continuèrent avec la sortie de la lave; mais, les unes et les autres, grêles et explosions, avaient diminué de violence depuis l'écoulement de cette lave. Le courant avait parcouru près de 1 mille en une heure. Les deux branches, se réunissant ensuite, aboutirent à un creux, qu'elles ne dépassèrent pas alors.

Hamilton, s'étant approché de la bouche du volcan, y vit que la lave avait à sa sortie l'apparence d'un fleuve de verre fondu; qu'il chariait de gros monceaux de cendres enflammées, qui se précipitaient successivement les uns sur les autres à mesure du mouvement, aux flancs de la montagne, et faisaient ainsi une cascade aussi belle que singulière.

Le 29 la montagne était assez tranquille et la lave ne coulait plus; mais le 30 elle jaillit de nouveau et prit la même direction que la première fois. En même temps, des explosions lançaient à une hauteur prodigieuse des girandoles de matières enflammées. Le 31 la coulée de lave était moins abondante que le 28; en revanche les pierres embrasées étaient lancées avec plus de force. Quelques-unes, estimées du poids de 2,000 livres, étaient lancées à une hauteur perpendiculaire d'au moins 60 mètres. Un commencement de cône s'était formé des débris retombés, et le jet des matériaux enflammés se trouvait ainsi dirigé, tandis que, auparavant, la bouche avait près d'un demi-mille (900 mètres) de circonférence, et les pierres sortant dans toutes les directions avaient blessé quelques curieux. On ne saurait, dit Hamilton, présenter à l'imagination un tableau du beau spectacle que nous offraient ces girandoles de pierres embrasées, qui surpassaient de beaucoup les feux d'artifices les plus surprenants.

Du 31 mars au 9 avril la lave continua de couler en deux, trois et même quatre fleuves, toujours du même côté de la montagne, sans cependant s'étendre beaucoup plus loin que dans la première soirée. Pendant ce temps, la fièvre du volcan avait des intermittences : elle passait d'une moindre à une plus grande violence ou réciproquement, et c'est après les espèces de repos que la violence prenait les plus grandes proportions.

Dans la soirée du 10 avril, un courant se fit jour du côté de la Tour-de-l'Annonciade, et celui qui se dirigeait vers Naples cessa d'être alimenté. La nouvelle bouche s'était faite au flanc de la montagne, à un demi-mille (900 mètres) du cratère. Le 12, la lave descendait comme un torrent, et des explosions violentes faisaient trembler les terres voisines, comme tremble la charpente d'un moulin à eau. A cause de sa température, on ne pouvait se tenir à moins de 3 ou 4 mètres de la lave, et cependant la matière du torrent était assez consistante pour résister à l'effort qui tendait à y enfoncer un long bâton, et ne pas céder sous des pierres lancées à tour de bras. Toutefois le fleuve marchait avec une vitesse de plusieurs mètres par minute dans le premier mille de son cours.

La rivière de feu avait 3 à 4 mètres de large près de sa source ; puis sa largeur augmentait et le courant se partageait en trois branches, qui faisaient une brillante illumination d'une étendue de 4 milles (800 mètres) de longueur, sur près de 2 milles (370 mètres) de largeur en certains endroits. Après avoir coulé pur de mélange, pendant 60 mètres à peu près, le liquide brûlant avait entraîné des cendres, des pierres, des scories, qui, flottant à sa surface, le faisaient ressembler à un fleuve après une débâcle. Au lieu le plus éloigné de la source, la lave n'était plus liquide : c'était comme un amas de charbons ardents disposés en façon d'un mur et qui, roulant de haut en bas à la partie antérieure, gagnaient progressivement du terrain. Mais la marche était devenue si lente que le parcours n'était que de 9 à 10 mètres par heure.

Cependant le volcan continuait à lancer des matériaux par sa bouche; mais au lieu de grosses pierres, ce n'étaient plus que des cendres et de petites ponces qui ne laissaient pas que de causer du dommage aux vignes. La lave coulait encore le 3 juin, et déjà la quantité de matières rejetées dans cette éruption était plus considérable que dans celle qui finit en 1760. Hamilton pensait cependant que l'éruption était à sa fin, et s'attendait à voir le volcan se calmer sous peu de jours. Ses prévisions furent trompées : l'éruption ne cessa définitivement que le 10 décembre, après avoir duré neuf mois. Les dernières coulées, se superposant aux premières, ne causèrent que très-peu de nouveaux dommages.

Éruption de 1767.

(Historiens : Hamilton, della Torre.)

Dès la fin de janvier 1767, on entendait sur le Vésuve d'affreux mugissements intérieurs, des sifflements aigus, des bruits de roches s'entre-choquant, et le cratère lançait des pierres de manière à en rendre l'approche dangereuse. Jusqu'au mois d'avril cependant on pouvait dire le volcan tranquille *relativement*. Mais alors le jet de pierres augmenta, et le sommet de la montagne devint lumineux pendant la nuit, le nuage de fumée en suspension étant éclairé par les feux intérieurs. Au mois de mai le cône adventice commença à se montrer au-dessus du rebord. Le 7 août, du pied crevassé du monticule sortit un fleuve de lave, qui remplit peu à peu l'espace situé autour de lui dans l'ancien cratère et déborda sur les flancs de la montagne le 12 septembre. Les émissions de pierres devinrent plus fréquentes et composées de blocs plus puissants. Les pierres s'élevaient, suivant le père della Torre, à près de 300 mètres. Tous ces débris augmentaient rapidement le cône adventice, que don Andrea Pigonati, ingénieur sicilien, trouva de 60 mètres en hauteur, le 15 octobre, après huit mois à peu près depuis qu'il avait commencé à se former.

La lave continua de couler en petits ruisseaux jusqu'au 18 octobre, jour où elle cessa, tandis que cependant il régnait dans le volcan une fermentation extrême, indice probable d'une éruption prochaine. Le 19 une fumée noire et dense sortait du monticule, pendant que de grosses pierres étaient lancées à une grande hauteur. Plus tard la colonne de fumée, après s'être élevée à une grande hauteur verticale, se plia dans la direction du vent et étendit une branche horizontale jusqu'à Caprée, distante de 28 milles (52 kilomètres) du mont Vésuve.

Dans la nuit du 18 au 19, la lave s'ouvrit sans bruit une ouverture du côté de la Somma, à 60 mètres environ au-dessous du cratère, et descendit dans l'Atrio del Cavallo. Hamilton, qui était à l'observer de près, entendit tout à coup, vers midi du 19, un bruit violent intérieur : la montagne s'ouvrit et un jet de liquide brûlant s'éleva à quelques mètres de hauteur. Le torrent roulait vers l'observateur et son guide, en même temps qu'une grêle de pierres ponces tombait sur eux. Les explosions de la montagne avaient des bruits plus forts que ceux des tonnerres les plus violents; une fumée noire et épaisse avait substitué au jour une nuit sombre; une odeur suffocante de vapeurs sulfureuses rendait la respiration pénible; le sol tremblait de manière à rendre l'équilibre difficile à tenir. Le guide effrayé s'enfuit et fut suivi de près par Hamilton : l'un et l'autre coururent environ l'espace de 3 milles (5 1/2 kilomètres) sans s'arrêter, craignant, aux tremblements de terre, que le sol ne s'entr'ouvrît sous leurs pas ou que des roches détachées de la Somma ne vinssent les écraser. Notre observateur rentra chez lui, où il trouva son monde tout alarmé, parce que la maison était tellement secouée qu'elle semblait devoir être jetée hors de ses fondements, à en juger par l'ébranlement des portes et des fenêtres. Vers deux heures après midi, un autre torrent s'ouvrit violemment un passage du côté opposé à la Somma, et l'embrasement devint aussi violent dans cette partie qu'il l'était dans l'autre, où il persista. Cependant le bruit des explosions augmentant et l'odeur sulfureuse devenant de plus en plus suffocante, Hamilton fit abandonner sa maison de campagne et se retira à Naples avec tout son monde. D'après ses conseils, la cour du roi de Naples quitta vers minuit la ville de Portici que menaçait la lave. Le torrent marchait vite, car après deux heures il avait fait plus de 5 kilomètres de chemin. Alors la rivière qui remplissait l'Atrio del Cavello avait 20 mètres de profondeur et 3 kilomètres de large en certains endroits.

Nous avons dit la violence des explosions : elles donnaient à l'air de tels ébranlements que dans le palais du roi, à Portici, plusieurs portes furent enfoncées, et à Naples même il y eut des portes et des fenêtres qui s'ouvrirent avec fracas. Indépendamment des bruits éclatants, on en entendait un autre sourd et grondant intérieurement, semblable à celui qui serait produit dans le mélange de masses d'eau et de matériaux en fusion. Ce dernier dura à peu près cinq heures pendant la nuit. Aussi la plus grande confusion régnait à Naples ; l'épouvante y avait jeté tout le monde hors des habitations. On courait aux églises, on faisait des processions, on se livrait à des prières publiques.

Dans la journée du 20, les cendres disséminées dans l'air ne laissaient voir le soleil que comme on le voit au travers d'un verre noirci par la fumée. Aussi de Naples, où les cendres tombèrent en pluie pendant toute la journée, on ne pouvait juger de l'état du Vésuve. Le bruit avait presque cessé et les laves continuaient à couler des deux côtés. A neuf heures du soir les explosions et les mugissements recommencèrent ; pendant quatre heures on aurait dit que la montagne allait être mise en pièces, et en effet elle sembla s'ouvrir de haut en bas. La terreur régna de nouveau à Naples : les prisonniers, profitant de la confusion, cherchèrent à s'évader, après avoir blessé le geôlier, et la populace brûla la porte du cardinal-archevêque, qui refusait de laisser sortir les reliques de saint Janvier.

Pendant la journée du mercredi 21, les bruits furent moins effrayants; c'était presque le calme, comparativement. Toutefois les laves continuaient leur course et Portici dut s'émouvoir. Heureusement le torrent, arrivé à 1 1/2 mille (moins de 3 kilomètres) de la ville, changea de direction et même ralentit sa vitesse.

Le 22, un bruit semblable à celui des jours précédents commença à se faire entendre vers dix heures, et même plus violent et plus horrible encore. Rien de pareil n'avait encore épouvanté les oreilles des plus anciens du pays, et tous s'attendaient à quelque sinistre catastrophe. La pluie de cendres était à Naples d'une abondance telle qu'on devait, pour protéger ses yeux, recourir à l'emploi du parapluie. Les toits, les balcons, et même les vaisseaux en mer à vingt lieues de Naples en furent couverts. Le cardinal fut contraint par la populace de porter saint Janvier au pont de la Magdeleine, qui est à l'extrémité de Naples, du côté du Vésuve. Les bruits avaient cessé, après avoir duré cinq heures, à peu près autant de temps que les jours précédents.

Le 23, on n'entendit point de bruit de Naples, et il ne tomba sur la ville que peu de cendres, mais la lave continuait à couler et le cratère à lancer d'assez grandes quantités de pierres. Le 24, le jet de pierres continuait, mais la lave ne coulait plus. Le 25, le cratère principal envoya toute la journée sur Naples une pluie de cendres fines. Au sortir du gouffre, ces cendres formaient une colonne noire, que zigzaguaient des éclairs volcaniques fourchus très-visibles de Naples. Le 26, la fumée persistait, mais moins épaisse et sans éclairs volcaniques. Enfin, le 27, tout signe d'éruption, même la fumée noire, avait disparu.

Telle est la relation qu'a faite Hamilton de cette éruption fameuse, réputée la plus violente du dix-huitième siècle et l'une des plus violentes de celles qu'a enregistrées l'histoire. La lave avait, de sa source à la chapelle de Saint-Vito, qu'elle avait enveloppée, un parcours de 6 milles, plus de 10 kilomètres; dans l'Atrio del Cavallo et dans la vallée qui sépare l'Ermitage du Vésuve, elle avait plus de $3^{\text{kilom}},5$ de largeur et presque partout une épaisseur de 20 mètres; elle avait comblé la *fossa Grande*, large de plus de 30 mètres et profonde du double. Il faut presque avoir vu pour croire qu'une aussi grande quantité de matière ait pu être rejetée en aussi peu de temps. Nous ne parlons pas des dégâts causés dans les cultures et dans les habitations : ils furent les uns et les autres considérables.

D'ailleurs, bien que Hamilton n'ait pu faire ses observations que d'un côté, il a pu connaître par les rapports des habitants des environs, que de l'autre côté on avait observé les mêmes phénomènes : bruits, grondements souterrains, éclairs volcaniques, tonnerres les accompagnant, météores volcaniques analogues à ceux qu'on appelle étoiles filantes. On a fait aussi cette remarque que les cendres du dernier jour étaient blanches presque comme la neige, et les vieillards estimaient que ce caractère indique que l'éruption touche à sa fin.

Éruption de 1777.

(HISTORIEN : Della Torre.)

Après la terrible éruption de 1767, le Vésuve ne cessa pas d'émettre de la fumée, et même il se passait peu de mois sans qu'il lançât des matériaux enflammés, et souvent ensuite il donnait un courant d'une lave pâle. Ces courants avaient leurs bouches à peu près dans la la même région du volcan et suivaient presque tous la même direction. De 1767 à 1769, on pourrait compter non moins de neuf éruptions. Dans l'une d'elles, en 1769, une pierre, ou plutôt une roche de 60 mètres cubes, aurait été jetée, dit-on, à un quart de mille, près de 500 mètres du cratère. Toutefois nous ne signalerons et nous ne classerons que l'éruption de 1777, dans laquelle les laves eurent une autre bouche et prirent une direction différente. Encore ne distinguons-nous celle-ci qu'à cause de cette circonstance très-remarquable, que de gros prismes de basalte régulièrement cristallisés auraient été vomis par le volcan. Cette circonstance, si elle est vraie, serait tout ce que l'éruption dont nous parlons offrirait qui fût digne d'être signalé. Elle ne fut pas désastreuse.

Éruption de 1779.

(HISTORIENS : Hamilton, Della Torre.)

Moins de deux ans après l'éruption précédente, en 1779, au mois de mai, le chevalier Hamilton, alors envoyé extraordinaire d'Angleterre à la cour de Naples, eut l'occasion d'étudier une nouvelle éruption du volcan. L'incendie apparut au sommet du cratère, et la lave coula pendant dix jours en torrents plus ou moins abondants. Hamilton se rendit sur la partie escarpée de la montagne, et y passa une nuit à faire des observations sur la marche des courants liquides qui s'échappaient par des ouvertures latérales. La lave bouillonnante, au sortir des canaux par lesquels elle se faisait jour, produisait un sifflement strident, et, lançant continuellement dans toutes les directions des matières vitrifiées et brûlantes, elle donnait lieu au pétillement et à tous les effets d'un feu d'artifice. Large de 15 à 18 mètres, le fleuve de feu coulait ensuite lentement, chargé de scories, comme une rivière qui charierait des glaçons. Le vent ayant soufflé tout à coup du torrent vers Hamilton, son compagnon d'expédition et leur guide Bartholoméo, surnommé le *Cyclope du Vésuve*, ces trois personnes furent tellement incommodées par la chaleur et les vapeurs méphitiques qui leur arrivaient, que force leur aurait été de fuir et de cesser les observations, si le guide n'eût proposé de franchir le courant. A la vérité, le conseil paraissait n'être pas d'une exécution exempte de dangers. Mais la croûte supérieure de la lave était si épaisse, elle était chargée d'une telle couche de cendres et de scories, que, dans le trajet, les observateurs en furent quittes pour une assez forte impression de chaleur aux pieds et aux jambes, sans que le poids du corps de chacun fût suffisant à faire imprimer la trace de ses pas. Il est vrai qu'on ne marcha pas, mais qu'on courut à toutes jambes pour traverser le fleuve de lave.

C'est ensuite que Hamilton, remontant vers la source du courant, observa les faits que nous avons rapportés au début de cette relation. Il remarqua cette circonstance singulière, que les éclaboussures continuelles produites par le pétillement de la lave à sa sortie, avaient formé au-dessus de la crevasse qui servait de source, une espèce d'arche ou plutôt de dôme échancré par en bas, de 5 mètres de hauteur, qui donnait à la bouche l'aspect d'un four terriblement chauffé. De là, le torrent courait dans un canal assez régulier, compris entre des murailles dues à des scories et à des cendres, qui ressemblait à un aqueduc de construction ancienne.

Ayant ensuite monté au cratère, il y trouva, comme à l'ordinaire, un petit mont conique, qui lançait avec explosion des matières rouges et brûlantes. Il ne put, là, prolonger beaucoup ses observations, car la fumée, insupportable aux yeux, et l'odeur suffocante du soufre en combustion ne permettaient pas un long séjour dans cette station intéressante.

La lave descendit jusqu'à Portici, où elle causa d'assez grands dommages à la ville, et de plus grands encore à son territoire.

Dans une de ses visites à la montagne, Hamilton trouva quelques cristaux basaltiques, dont ceux qui étaient complets pouvaient avoir un peu plus de 2 décimètres de long. Nous avons déjà noté une particularité semblable à propos d'une éruption précédente, et déjà dans une coulée de 1632, qui alla jusqu'à la mer, on avait signalé des apparences du même fait. On ne doit pas en conclure que le basalte soit un des produits du volcan, ces prismes sont incontestablement des matériaux arrachés au sol que traverse le torrent avant d'arriver à l'atmosphère, car on sait que tout le sol inférieur est volcanique. Jamais le Vésuve n'a produit un cristal basaltique.

Seconde éruption de 1779.

(HISTORIENS : Hamilton, Della Torre.)

L'effervescence du volcan s'était apaisée depuis six semaines au plus, lorsque, au mois de juillet 1779, se manifestèrent les symptômes d'une nouvelle activité. D'après les relations de Hamilton et du père Della Torre, cette éruption fut plus terrible encore que la précédente.

Le cône formé dans le cratère s'était tellement accru par les déjections des quatre dernières années, qu'il avait acquis une hauteur de 50 mètres. Une partie de ce monticule étant tombée dans l'abîme, on pouvait, en usant de précautions, aller au bord du gouffre et en sonder du regard la profondeur. Il avait l'apparence d'une vaste fournaise, dont les murailles intérieures paraissaient être d'énormes piliers, fortement cuits et criblés de trous.

Pendant tout le mois de juillet 1779, on avait entendu des bruits sourds, des mugissements, des tonnerres dans les entrailles du volcan. En même temps la fumée jaillissait en montagnes serrées, par l'ouverture du cratère, et de temps à autre, des cendres rougies et des scories étaient lancées à une grande hauteur, et présentaient dans la nuit le plus beau feu d'artifice imaginable. Notons en passant que les matières volcaniques lancées paraissaient noires pendant le jour et de feu pendant la nuit. C'est sans doute cela qui a fait et accrédité l'erreur populaire que les volcans sont plus violents pendant la nuit que pendant le jour. A la fin du mois, les phénomènes précurseurs augmentèrent tellement en intensité, que le sommet de la montagne semblait porter une immense colonne de feu, ombrée en divers endroits par une fumée que pailletait une multitude de points étincelants et mobiles dus aux scories enflammées. Toutefois, comme nous le disions tout à l'heure, le spectacle était tout différent vu de jour de ce qu'il était la nuit : de jour, la fumée paraissait blanchâtre et sillonnée de points noirs; la nuit, la fumée paraissait une flamme claire dans laquelle couraient des paillettes étincelantes.

Dès le 19 juillet, des matières enflammées, lancées par la cime, arrivaient jusqu'aux vallons inférieurs; un faible courant de lave s'était épanché et coula avec intermittence jusqu'à la fin de ce mois. Le 1er août, deux bouches latérales s'ouvrirent sur le penchant de la montagne du côté de Naples, et formèrent deux courants de feu qui, se dirigeant vers Résina, ne s'arrêtèrent que le 5.

Le 3 août, un bruit intérieur, semblable à une décharge d'artillerie, venait de se faire entendre, lorsqu'on vit déboucher, aux deux tiers de la hauteur du mont, quatre ou cinq ruisseaux de feu qui serpentèrent sur les flancs. Néanmoins la matière bouillonnante se mit à s'élever de nouveau dans le cratère, et le 4, elle s'épancha par dessus le sommet, en un fleuve abondant qui couvrit et absorba les ruisseaux dont nous venons de parler.

Vers les 2 heures de l'après-midi du 5, l'agitation du volcan devint extrême. Hamilton observait de sa maison de campagne située au Pausilippe, dans la baie de Naples, en face et à 6 milles, 10 à 11 kilomètres, à vol d'oiseau du Vésuve. Une nouvelle bouche s'était formée du côté d'Ottajano, qui donna d'abord des vapeurs si denses et si noires, qu'on ne pouvait distinguer les objets à 3 mètres de distance, et si infectes que tous les alentours en furent empestés. La fumée sortit ensuite plus rapide encore, et bientôt la montagne fut surmontée d'un amas de nuages d'une blancheur éclatante, qui constituaient une masse quadruple de celle de la montagne elle-même. Puis, au travers de ces nuées, c'étaient des pierres, des scories, des cendres, en quantité inimaginable, qui s'élevaient à une hauteur prodigieuse, les zébrant de lignes noires dans toutes les directions. A la nuit, l'amas de nuées prit encore la couleur du feu, et les zébrures, noires dans le jour, devinrent des traits de l'éclat le plus brillant. Toute la montagne et les lieux environnants furent enveloppés de la plus éclatante illumination. Alors la lave bouillonnante s'épancha de nouveau par dessus les bords du cratère, du côté de la Somma, et le torrent embrasé, qui se précipita vers le vallon, vint ajouter encore à la féerie du tableau.

Dans la journée, les villes Somma et Ottajano reçurent une pluie serrée de cendres menues et encore rouges, en même temps qu'il y tomba de longs filaments qui ressemblaient aux fils du verre artificiel en fusion. Le thermomètre avait beaucoup monté, et il s'était fait une obscurité qui ne permettait pas de distinguer les objets à quelques mètres de distance. Les vapeurs sulfureuses suffoquèrent plusieurs oiseaux dans leurs cages, et les feuilles des arbres du voisinage furent couvertes d'une matière blanche très-corrosive.

C'est vers deux heures de l'après-midi de ce même

jour, que plusieurs habitants de Portici virent un globe extraordinaire de fumée, d'un très-grand diamètre, qui, parti du cratère du Vésuve, alla se briser contre la Somma, laissant à sa suite une longue traînée blanche. « J'aperçus clairement, dit Hamilton, cette traînée qui dura quelques minutes, mais je ne vis pas le globe lui-même. »

Le lendemain 6, l'action volcanique s'était beaucoup affaiblie; cependant on entendit vers midi un fracas si considérable vers le haut de la montagne, qu'on put croire que le cône volcanique nouvellement formé, depuis 1767, avait été brisé par une explosion. Il n'en était rien cependant, et les choses étaient restées dans le même état apparent, lorsque, au milieu de la nuit du samedi 7 au dimanche 8, la fermentation du volcan prit un caractère très-violent, et la lave recommença à s'écouler, et du sommet et des bouches latérales. Alors un énorme nuage vint se fixer au sommet de la montagne, qui lança vers lui comme des éclairs et des aigrettes électriques : c'était un spectacle analogue à celui que présentent certaines aurores boréales. Les reflets de la lave et de la gerbe qui couronnait le cratère, teignant la nuée en rouge de sang, les Napolitains se mirent à s'en effrayer beaucoup, et, en effet, la journée du 8 réalisa leurs craintes. Cette journée, comme nous allons le voir, est célèbre parmi les plus désastreuses que l'on doit au Vésuve.

Dès le matin du 8, une grande violence d'action à l'intérieur du volcan était annoncée par des bruits retentissants et par des soubresauts du sol. La mer elle-même, très-agitée, était successivement comme chassée de ses rives, puis fortement attirée vers ses côtes, qu'elle dépassait, envahissant plus ou moins les rivages. Puis bientôt le cratère lança d'énormes pierres rougies, qui roulaient jusqu'au pied de la montagne, et l'éjection dura jusque vers le milieu de la nuit. Alors les tremblements de terre cessèrent et la mer devint calme. Mais une nouvelle gerbe de feu se montra au sommet de la montagne; elle devint progressivement si considérable, et elle était si éclatante, qu'à la distance de 10 kilomètres on pouvait lire et même on distinguait les petits détails des objets. A une heure et demie de la nuit, après d'effroyables mugissements, une fumée noire substitua la nuit au jour artificiel de la gerbe, puis de nouveau le feu apparut. La montagne s'était ouverte en une bouche immense, qui vomit des vapeurs puantes, des pierres embrasées, au milieu d'une autre gerbe de feu, qui s'élevait à près de 6 kilomètres au-dessus du niveau de la mer. Tout le volcan ne paraissait alors qu'un globe enflammé de $4^{\text{kilom}},5$ de diamètre, dont le pôle supérieur lançait des éclairs, qui sillonnaient en tous sens de leurs brillants zigzags et la gerbe de feu et la colonne de fumée. Des pierres de plus d'un mètre cube, lancées dans l'air, mettaient 25 secondes à tomber dans le vallon de la Somma, qui en fut presque comblé. L'incendie embrasa tout à coup les broussailles et les bois d'alentour, ceux d'Ottajano en particulier; ceci mit le comble à l'épouvante qui s'était emparée des esprits. Aussi tous les chemins se couvraient de malheureux, perdus de peur, qui couraient, tournant le dos au foyer, emportant leurs enfants et ce qu'ils avaient de plus précieux. Vers trois heures et demie, le bruit cessa, et de toute la brillante fantasmagorie il ne resta qu'une légère illumination, qui permettait de voir très-peu changée la masse morne du Vésuve, bien qu'on eût pu la croire fracassée par les désordres précédents.

La masse de fumée noire dont il a été question dans la relation précédente, avait semblé un instant vouloir se porter sur Naples et la menacer de ses feux électriques. Alors l'effroi s'empara des habitants : tous les divertissements cessèrent, on ferma les théâtres et on se précipita dans les églises, puis des processions nombreuses se formèrent dans les rues. Cependant, comme le danger semblait devenir plus menaçant, la peur, poussée à son extrême limite, devint de la fureur. Des enfants éplorés, des femmes échevelées, des hommes furieux, criaient avec toutes sortes de menaces qu'il fallait opposer saint Janvier à la rage du volcan. « En un mot, dit Hamilton, cette grande ville montrait le mélange d'esprit de sédition et de bigotisme qui caractérise ses habitants. » Mais le vent ayant changé de direction au moment où le nuage allait atteindre la ville, le calme se rétablit.

Le lendemain 9 vint éclairer les malheurs de la nuit : ils étaient affreux. Ottajano avait été écrasée et brûlée en grande partie ; toute la plaine de Cassis-Bella n'offrait que des amas de décombres ensevelis sous la cendre ; la terre était jonchée de cadavres d'hommes et d'animaux. On rapporte que sous le vent les cendres furent portées à près de 100 kilomètres, et qu'à Grotta-Minarda, ainsi qu'à Monte-Fusco, il était tombé des pierres de plus de 60 grammes. Les habitants d'Ottajano racontèrent que, pendant la pluie de feu qui détruisit leurs maisons, il tombait des pierres qui avaient 2, 3 et jusqu'à 8 mètres cubes.

Le 9 et le 11 il y eut des explosions et des éruptions

presque aussi violentes que dans la nuit du 8 au 9 et à peu près continues. Le 12, dans la matinée, la montagne eut des secousses terribles, accompagnées d'un grand fracas ; le 13 on n'apercevait plus que le reflet de l'incendie intérieur sur les nuages qui dominaient le cratère ; le 14 on ne voyait que des amas de fumée noire s'échappant du gouffre. Cependant le volcan ne rentra pas immédiatement dans le calme : il continua de fumer jusqu'à la fin du mois de septembre, et en octobre on ressentit plusieurs tremblements de terre précédés et quelquefois accompagnés d'explosions violentes dans l'intérieur de la montagne ; mais on n'eut plus à déplorer de nouveaux désastres.

Éruptions des années 1783 à 1790, et éruption mémorable de 1794.

(Historiens : *Mémoires académiques.*)

Entre l'éruption dont nous venons de parler et celle dont nous allons dire les détails, il y en eut plusieurs autres, qui n'offrent pas de circonstances bien dignes d'être signalées. Ce sont les événements du 18 août 1783, de la fin de décembre 1784, de 1785, du 31 octobre 1786, du 24 décembre 1787, du 19 juillet 1788, du 6 septembre 1789, et enfin de 1790. Nous passons donc de suite, sans autre transition, à la mémorable éruption de 1794.

Ainsi c'est après quinze années d'une faible activité, marquée çà et là de quelques faits sans grande importance, qu'arriva l'éruption qui porte la date de 1794, dont les signes précurseurs succédèrent à sept mois d'un calme extraordinaire. Cette éruption est fameuse entre toutes par les désastres qu'elle a causés, et restera particulièrement mémorable pour le tort qu'elle fit à Torre del Greco. A sept fois déjà les laves du Vésuve avaient abîmé cette ville industrieuse, et toujours elle s'était relevée de ses ruines sur ce sol trompeur. « Les anciens édifices, dit Léopold de Buch, ne sont pas recouverts de moins de 30 pieds de laves, et quelques-uns, résistant à l'énorme pression, se sont maintenus sans s'écrouler. Des étages se sont élevés au-dessus des étages enfouis sous la lave; et il a été souvent possible aux habitants d'utiliser les anciennes constructions en en faisant des caves et en superposant les nouveaux murs aux anciens. »

Dans le commencement de juin 1794, les eaux baissèrent tellement à Torre del Greco qu'elles suffisaient à peine à faire marcher le moulin à blé de la grande source. Le niveau des puits s'était mis à baisser progressivement, de façon qu'on était obligé d'allonger sans cesse les cordes, et même il y en eut qui tarirent tout à fait. A la même époque, un homme et deux jeunes garçons, qui se trouvaient dans les vignes sur la pente du mont, là où s'ouvrit plus tard une bouche, furent fort effrayés par des bouffées de vapeur qui sortirent de terre tout près d'eux avec une faible explosion. Puis à Résina on distingua, à la suite de fortes averses, un bruit souterrain assez fort.

Les choses en étaient là, lorsque le 12 juin dans la nuit on ressentit dans le voisinage du volcan et jusqu'à Naples une secousse de tremblement de terre. Toutefois les craintes excitées semblèrent ensuite ne pas devoir se réaliser; car, jusque dans la soirée du 15, aucun nouveau phénomène n'était venu les raviver. Mais alors, vers dix heures, une nouvelle secousse se fit sentir plus violente que la première. Une gerbe du feu le plus brillant, de flammes d'une hauteur extraordinaire, apparut bientôt, en même temps que s'élancèrent d'abondantes fumées noires qui prirent la forme décrite par Pline. Puis, au milieu de craquements inouis, il se fit à la base occidentale du cône une ouverture de 2379 pieds anglais de long sur 237 de large, par laquelle s'élança un vaste torrent de laves. Presque en même temps apparurent quatre éminences distinctes composées de débris de laves, et du pied de chacune jaillit un torrent de matières tellement fluides qu'on aurait dit des sources de feu flambant. De Torre del Greco on voyait la fureur jusqu'alors inconnue de ces jets, et la réflexion sur la mer alors paisible faisait un éclat que l'œil avait peine à supporter.

On comprend avec quel intérêt Portici, Résina et Torre del Greco suivaient les allures du torrent. On le vit prendre sa course vers les deux premières villes. Les habitants de la Tour du Grec, joyeux de la perspective de n'être pas atteints, s'assemblèrent dans les églises pour remercier Dieu de leur délivrance et prier pour leurs infortunés voisins si fort menacés. Mais à peine étaient-ils agenouillés qu'on vint leur apporter la nouvelle que le courant changeait de direction et se portait vers leur cité. En descendant la pente, le fleuve de feu s'était en effet divisé en trois branches, l'une se dirigeant vers Sainte-Marie del Pugliano, la deuxième vers Résina, et la troisième sur Torre del Greco. C'est qu'aussi la coulée de lave s'était considérablement accrue en abondance : des seize bouches alignées, à partir d'une hauteur de 1520 pieds au-dessus du niveau de la mer, sur une longueur de 2 1/2 kilomètres, sortaient autant de sources, qui alimentaient le fleuve principal et les trois branches qu'il formait. Aussi la Tour du Grec fut si rapidement entourée que les habitants épouvantés ne prirent que le temps de se réfugier sur les toits de leurs maisons. Cependant le bourg échappa, ce jour-là, à l'incendie qui semblait inévitable et à une destruction totale qu'on pouvait croire imminente.

Les tremblements de terre avaient pris un tel caractère de violence que le sol ondulait dans toute la Campanie, et que jusqu'à Naples des portes et des fenêtres étaient arrachées de leurs gonds, les sonnettes agitées, les cloches des églises mises en branle. C'était un mouvement et un tapage continus, qui s'ajoutaient au bruit sourd, à d'effroyables mugissements, à un tonnerre retentissant, dont le siége était dans les entrailles du sol. Puis on voyait des serpents de feu qui se tordaient sur les flancs noirs du mont et semblaient se diriger vers la ville. Aussi la terreur jeta des maisons dans les rues et sur les places publiques une foule désespérée, qui se livrait au plus lamentable concert de cris, de gémissements, de supplications. Et l'horreur du tableau s'accroissait encore de la nuit que faisaient toute sombre des nuages noirs massés au-dessus de l'horizon, dont l'épais rideau ne laissait passer aucun rayon de la lune, bien qu'elle fût dans son plein. Les malheureux, ne voyant aucun moyen de fuir le danger qu'ils croyaient pressant, se mirent à faire des processions solennelles d'une paroisse à l'autre, avec croix et bannières. Bientôt le peuple, en proie à un trouble croissant, se mit à entrer en fureur et exigea violemment que l'on portât saint Janvier, le miraculeux patron de Naples, en face du mont pour qu'il le sommât de mettre fin à ses fureurs.

Le jour suivant, le 17, la montagne s'ouvrit du côté opposé, en face d'Ottajano, en une longue crevasse, d'où jaillit un torrent de laves, s'élançant avec une rapidité excessive vers une forêt qui fut entièrement brûlée : il s'arrêta, après avoir fourni une course de 5 1/2 kilomètres, sans cependant avoir atteint les cultures. Dans la même journée, le Vésuve s'ouvrait à mi-côte du côté du sud-ouest, et du gouffre sortit un torrent de 1127 pieds anglais de large. Alors encore les habitants de Torre del Greco purent pendant quelque temps se croire à l'abri du fléau, le cours se dirigeant plus à l'ouest; mais la lave remonta vers le nord et atteignit la malheureuse cité. Elle s'avança même à plus de 300 pieds au delà, pour se précipiter dans la mer, où elle produisit des sifflements affreux, couvrant la surface des eaux, rendues bouillonnantes, d'une multitude de poissons morts.

C'est la branche la plus considérable qui s'était portée sur Torre del Greco, qu'elle traversa par le milieu : presque toutes les rues en furent encombrées et la ville à peu près tout entière fut incendiée et bouleversée; palais, églises, maisons s'écroulèrent avec fracas. Les 18,000 habitants, abandonnant leur fortune, leur avoir, cherchèrent un refuge à la côte ou sur la mer. Heureusement tout le monde put se sauver, à l'exception de seize personnes vieilles ou infirmes, qui restèrent dans l'incendie. On n'eut le temps de sauver du désastre ni les marchandises ni la plupart des objets précieux.

Douze heures après l'irruption de la lave, alors qu'elle

se mouvait encore, quelques milliers d'hommes cherchaient les ruines de leurs maisons, marchant sur une croûte solide, mais chaude, obligés de franchir ou de tourner çà et là des amas de scories, dont la hauteur moyenne de 12 pieds s'élevait parfois jusqu'à 40. Çà et là aussi, ils voyaient s'élever les sommités des bâtiments restés debout que le torrent avait englobés. On conçoit combien ce devait être un spectacle navrant d'angoisse et d'horreur!

Dans la matinée du 18, Résina et d'autres lieux du pied du volcan furent secoués par une violente commotion du sol : une grande partie du rebord du cratère du côté de l'est s'était abîmée dans l'intérieur. Alors de l'embouchure agrandie du gouffre s'élancèrent des nuages d'une vapeur ou d'une fumée tellement dense qu'elle semblait s'élever avec peine dans les airs. Après quelques heures ils formaient au-dessus du Vésuve une colonne d'une hauteur et d'un diamètre gigantesques, de couleur sombre, traversée par de nombreux éclairs. La masse noire semblait menacer Naples, qui s'en effraya ; mais une saute de vent survint et, les nuages prenant une autre direction, l'effroi fut calmé. Vers midi de ce jour l'obscurité était si profonde qu'on pouvait à peine se diriger sur la grande route, même avec des flambeaux. C'est aussi qu'après même le déplacement du nuage, une pluie de cendres, qui durait depuis plusieurs heures déjà, ne cessa pas de tomber sur les environs du Vésuve et sur Naples. Au pied du volcan il y avait presque partout une couche de 12 pouces d'épaisseur et en quelques endroits on en mesurait 10 pieds. Les cendres avaient brûlé les feuilles des vignes sur les coteaux, enseveli même quelques vignes ; des branches d'arbres étaient rompues sous la charge qu'elles en avaient reçue, des troncs entiers avaient été courbés et tordus. Les maisons, les riches plantations de ces parages en étaient couvertes; les rues en étaient obstruées; puis, les vents les dispersèrent sur une bonne partie de la Campanie.

Le 22 juin, après une progression rapidement décroissante dans l'intensité des phénomènes, la fureur de l'éruption était grandement diminuée, et enfin le 2 juillet le Vésuve donna son dernier nuage sinistre.

Éruptions de 1799, 1802-1803, et double éruption de 1804.

(HISTORIENS: *Mémoires académiques.*)

On pourrait presque dire que le volcan s'endormit pour dix ans et ne se réveilla qu'en 1804; car les événements de 1799, 1802 et 1803 n'ont presque pas eu d'importance et pourraient être considérés comme les dernières étincelles d'un feu mourant.

Le Vésuve donc était arrivé à un état de calme profond. Le 22 mai 1804, un bruit sourd et violent fut suivi d'une secousse qui fit trembler toute la moitié supérieure de la montagne. Une noire et épaisse fumée s'éleva du cratère demeuré à l'état d'un abîme presque insondable. Peu à peu le fond du cratère monta, en même temps que trois cônes qui s'y étaient formés et qui avaient rempli presque entièrement la chaudière. Puis, après deux mois écoulés à la suite des premiers faits, un soulèvement de la côte dans le voisinage de Torre del Greco fit que la mer se retira. Tels sont les seuls phénomènes à signaler sur cette éruption, qui ne fut guère du reste qu'un prélude à la suivante.

Des trembleineets de terre s'étaient mis à agiter le sol et une fumée plus abondante couronnait le Vésuve, lorsque commença, le 11 août, la deuxième éruption de 1804. L'ermitage de San Salvador et les localités voisines de la montagne furent épouvantés par un horrible fracas, en même temps que l'agitation violente du sol se faisait sentir jusqu'à Résina. Dès le matin du 12, le cratère lança une fumée abondante, noire et épaisse, dont le volcan fut bientôt tout enveloppé. Aussi, lorsque le soleil s'éleva au-dessus de l'horizon derrière ce voile peu transparent, sa lumière passa par toutes les nuances du rouge, du brun et du jaune, avant de prendre son éclat accoutumé. L'émission de fumée dura tout le jour, et sur le soir des explosions furent entendues jusqu'à Naples. Alors un jet rapide de feu s'élança de la montagne, paraissant entraîner des pierres et des scories embrasées, qui retombaient dans le cratère ou sur les flancs du cône. On ne s'imaginerait qu'avec peine la rapidité de succession des matières volcaniques vomies par le gouffre; il semblait que toute la masse de la montagne devait sortir par son sommet. Quant au bruit des explosions, on s'en fera une idée en supposant réunis les détonations des batteries d'une flotte nombreuse, les cris des vents les plus impétueux, les mugissements des flots et les éclats du tonnerre dans une effroyable tempête.

L'éruption persista pendant plusieurs jours avec ce degré de violence, et toujours au milieu d'explosions formidables. Le 28 août, un nouveau gouffre s'ouvrit du côté de l'est et vomit aussi du feu et des pierres. Le 29, un torrent de matière semblable à du verre fondu s'épancha du cratère, courant vers le sud-est-sud; il atteignit la base le 30, après avoir parcouru en moins de vingt-quatre heures une longueur de 1 kilomètre. Ce torrent dévastateur avait dans sa largeur moyenne 215 mètres, et dans sa plus grande largeur 280 mètres. Toute la région inondée était couverte de flammes, ce qui faisait un spectacle aussi beau que terrible. Après s'être divisé en quatre branches, le torrent s'arrêta court à la Retraite du Guide. La moyenne de sa vitesse dans tout son parcours fut de 30 mètres par heure. La source de la lave ne tarit que le 23 novembre.

Éruption de 1805.

(Historiens : *Mémoires académiques.*)

Annocée par des bruits souterrains antérieurs, l'éruption dont nous allons nous occuper se manifesta le 12 août 1805, un an et un jour après le commencement de la précédente. Une abondante pluie de feu inspira tout d'abord aux habitants de la Tour-du-Grec la crainte d'avoir le sort de Pompéi, dans l'éruption de l'an 79; ils abandonnèrent leurs maisons pour se sauver dans les campagnes. La lave jaillit du sommet, prenant le chemin de celle de 1794, et se divisa en deux courants : l'un, prenant la grande route, déracina et détruisit tous les arbres, incendia et démolit toutes les maisons qu'il rencontra; l'autre, prenant la route de Portici, menaçait cette ville d'une entière destruction, lorsqu'il dévia pour se porter vers le premier bras. Les deux courants réunis accumulèrent, sur un vaste espace, de la lave bouillonnante et enflammée; puis le lac de feu qu'ils avaient formé s'écoula vers la mer, où la matière solidifiée forma une espèce de promontoire. Qu'on se figure, si on le peut, le bouillonnement et les sifflements qui durent se produire, au contact de cette matière à température si élevée avec la masse des eaux du golfe. Cette éruption, qui, dès l'origine, avait montré d'assez grandes proportions, ne dura heureusement qu'un petit nombre de jours. Aussi peut-on dire qu'elle fut terrible eu égard aux désastres qu'elle produisit pendant une action de si peu de durée.

Éruption de 1806.

(Historiens : *Mémoires académiques.*)

Moins d'un an après, à la suite des avant-coureurs ordinaires, un embrasement plus terrible du Vésuve inaugura ses débuts par la plus puissante des illuminations. Une flamme de 200 mètres de hauteur s'élevait au-dessus de la montagne, puis retombait pour s'élever de nouveau et retomber encore. Il en résultait une lumière si éclatante et si vive, qu'on pouvait facilement, pendant la nuit, lire une lettre à 4 kilomètres à la ronde autour de la montagne. Cependant les secousses du sol au début avaient cessé et ne s'étaient plus renouvelées, lorsque, le 1er juin, trois courants de lave coulèrent de trois ouvertures très-rapprochées qui s'étaient faites à 210 mètres à peu près au-dessous du sommet. La flamme se dirigea vers la Tour-du-Grec et l'Annunciada, et, suivant la route de Naples à Pompéi, menaça Portici. Pendant toute la journée du 2, on entendit un bruit semblable à des décharges de mousqueterie et d'artillerie entre deux grandes armées en présence et aux prises; par intervalles c'étaient aussi de fortes détonations semblables aux éclats d'une foudre sans écho, qui accompagnaient des jets d'une longue flamme et des éclairs. La lave continuait à couler, anéantissant les vignes, les arbres, les maisons qui se trouvaient sur son chemin. Ayant rencontré un mur assez solide pour résister, elle passa par dessus, formant une cascade d'un effet merveilleux. Pendant les journées du 3 au 7, les territoires de Portici, de Résina, de la Tour-du-Grec furent inondés d'une pluie de cendres, à laquelle s'ajouta, le dernier jour, la chute d'une boue infectée de matières sulfureuses. Lorsque, le 1er juillet, on put se hasarder à visiter la montagne, on reconnut que l'ancienne bouche éruptive avait été remplacée par une autre plus orientale, dont le diamètre et la profondeur étaient de près de 200 mètres. Les plus hardis, descendant jusqu'à moitié de cette profondeur, purent, de là, contempler à leur aise la lave qui bouillonnait au fond, comme le verre dans une verrerie. L'éruption cependant continua et ne prit fin qu'au mois de septembre.

Éruptions de 1806 à 1816.

(HISTORIENS : *Mémoires académiques.*)

Il y eut, dans les années 1808 jusqu'à 1814 inclusivement, des éruptions de deuxième ou de troisième ordre, qui, pour la plupart, n'embrassaient point toute l'étendue du cratère, et dont aucune n'offre de phénomènes dignes d'être signalés. En 1816, une nouvelle éruption, de même ordre que les précédentes, offre cependant une circonstance dont nous devons faire mention. L'observation est due à Monticelli, à qui nous l'empruntons. « Une colonne de lave, dit-il, de 5 pieds de diamètre, s'élança d'une des bouches de flammes et s'éleva à 35 pieds de hauteur. Cette colonne, d'ailleurs creuse à l'intérieur, ajoute-t-il, persista pendant trois jours debout au-dessus de l'ouverture du cratère, où elle finit par s'abîmer, et pendant toute sa durée il en jaillit de la cendre, du feu, des pierres. » Nous nous bornons à cette citation.

Éruptions de 1817 à 1819.

(Historiens : *Mémoires académiques.*)

L'année suivante, 1817, fut signalée par une grande éruption, dont les récits ne mentionnent guère de faits particuliers que les suivants : des laves émises, il se dégagea une telle quantité de gaz, qu'aux lieux où le courant se fit jour dans l'Atrio-del-Cavallo, il en est résulté des cavernes en façon d'allées couvertes, où un homme pouvait marcher debout, sans être obligé de se baisser. Puis, à la suite de cette éruption, le Vésuve continua de donner des signes d'une agitation continue, qui fit subir à la partie supérieure du cratère les changements de forme les plus variés. Des bouches, ouvertes pendant des temps plus ou moins longs, lançaient des sables, des scories, et ces matériaux formaient en retombant des cônes tronqués, plus tard transformés par les mouvements du sol en collines arrondies. C'est ainsi que les faits de 1817 furent reliés à ceux de 1818 et de 1819, éruptions qui, d'ailleurs, n'offrent rien de remarquable.

Éruption de 1820.

(Historiens : Chrétien VIII, Humphry-Davy, *Mémoires académiques*.)

Nous avons, sur l'éruption de 1820, quelques observations consignées dans des notes de deux visiteurs célèbres, Chrétien VIII, roi de Danemark, et Humphry-Davy, qui gravirent le Vésuve, le 28 janvier de cette année 1820. Depuis longtemps le volcan n'avait été animé d'une activité aussi prolongée et aussi vive qu'alors. Pendant treize mois la lave ne cessa de couler en torrents. Dans leur ascension, le savant et le roi observèrent, à la surface d'un torrent et dans le sens de sa direction, des masses sphéroïdales de quelques palmes de diamètre, qui se suivaient, flottant avec la plus grande facilité. La légèreté spécifique de ces corps donne à croire que c'étaient des espèces de ballons, composés d'une substance gazeuse emprisonnée par de la lave à un état à peu près gazeux, et formés d'une manière analogue à celle des bulles sur une eau savonneuse dans laquelle on insuffle de l'air. Ailleurs, un torrent enflammé se précipitait d'une muraille élevée, formant une large et brillante cascade; puis le courant passait sous d'énormes déjections refroidies, comme l'eau sous les arches d'un pont, et c'est sans doute à une semblable circonstance qu'est due la forme de câble roulé qu'affecte en quelques endroits la lave refroidie.

Dans la nuit du 13 au 14 février de la même année, une puissante illumination projeta sa lumière éblouissante au-dessus et à l'entour du cratère; bien qu'on ne vît pas les flammes, c'était néanmoins le reflet de l'incendie allumé dans les abîmes de la montagne. Dans les nuits qui suivirent, le phénomène lumineux ne fit que croître en intensité, jusqu'à ce que, pour conclusion, il se produisit de violentes éjaculations de scories enflammées, accompagnées des bruits ordinaires. C'est le 29 février que la montagne se montra dans toute son affreuse majesté; alors commencèrent les écoulements laviques, succédant à une pluie de cendres si continue et si abondante, qu'en plein jour, les Apennins paraissaient tout noirs.

Première éruption de 1822.

(Historiens : *Mémoires académiques.*)

L'année 1822 est signalée par deux éruptions du Vésuve, l'une dans les premiers mois, l'autre au mois d'octobre et dans les mois suivants. Le 7 janvier, le bas de la montagne s'ouvrit par une bouche de 30 pieds de diamètre, qui, pendant quelques jours, produisit des déjections de scories et lança quelques masses dans les airs. Mais à partir du 11 février, le foyer se porta vers le cratère principal, qui se mit à vomir, en même temps qu'une fumée épaisse et abondante, des fragments volumineux de lave et de scories. Dès lors de continuelles détonations accompagnaient de violentes secousses du sol; mais c'est le 22 février que les explosions se firent dans une proportion telle, qu'on dut les regarder comme le signal d'une catastrophe prochaine. Et, en effet, dans cette journée même, le cratère se prit à vomir un torrent de laves, qui se précipita du côté de Résina, formant une cascade magnifique dans son passage par-dessus la barre que lui opposaient les déjections de 1810. La lave atteignait presque la plaine le 24, et avançait toujours, lentement, il est vrai, à peine d'un demi-pied par minute. Toutefois la source du feu cessa brusquement le 28 d'alimenter le torrent, et en même temps cessèrent aussi tout à coup tous les symptômes de l'éruption. Ce n'était qu'un repos momentané, qui fut bientôt troublé par de violents phénomènes de mouvements, se succédant avec une rapidité telle qu'on put craindre que la montagne fût brisée par les secousses. Alors la cendre lancée au dehors, au lieu de la teinte gris clair qu'elle affecte d'ordinaire à la fin d'une éruption, conservait cette teinte brune qui dit que la catastrophe n'est pas arrivée à son terme. Aussi les phénomènes d'activité se continuèrent-ils pendant tout l'été, et peuvent être considérés comme une espèce de trait d'union entre la première éruption de l'année et celle dont nous allons faire l'histoire.

Deuxième éruption de 1822.

(Historiens : Leonhard, *Archives académiques italiennes.*)

« Cette éruption, disent de savants observateurs dans « un rapport au gouvernement, déposé aux archives, « cette éruption est l'une des plus effrayantes de toutes « celles que nous présentent les annales du Vésuve. La « matière volcanique arrivait si abondante que la capa- « cité du volcan ne pouvait la contenir. Bientôt toute la « montagne, de son sommet à sa base, ne présenta « qu'une masse de feu, au point de faire supposer qu'elle « s'anéantissait complétement. Alors la pente sud du

« cône vers la Somma se fendit et s'ouvrit dans toute sa « longueur, et trois bouches ignivomes se déclarèrent, « comme superposées dans un même plan vertical. Ces « bouches vomirent une abondante traînée de laves, que « les hauteurs du flanc de la Somma firent se diriger vers « Tre-Case; mais, arrivée au pied de la montagne, cette « traînée se jeta tout à coup du côté de la maison du « prince d'Ottajano où jusqu'alors aucune coulée n'était « venue et que celle-ci même, heureusement, n'atteignit « pas. Malgré cet écoulement considérable, le feu du « sommet ne se ralentit cependant pas, bien au con- « traire. Le cratère supérieur qui, peu avant cette érup- « tion, mesurait 6523 pieds de circonférence, s'affaissa « dans l'intérieur, sembla étouffer le feu durant quelques « secondes; mais bientôt l'activité volcanique redoubla « d'efforts et un nouveau cratère s'ouvrit au sommet. « Les canaux intérieurs s'étant obstrués et la violence « s'accumulant contre les résistances, la montagne se « fendit dans tout son contour, excepté du côté de la « Somma, et deux bouches s'ouvrirent aux extrémités « de cette fente, comme aux extrémités d'un même dia- « mètre. De ces bouches découlèrent deux fleuves de « laves, l'un à l'est du côté d'Ottajano, qu'il menaçait de « détruire, l'autre à l'ouest vers Torre del Greco, qui en « fut presque entièrement couverte. Ce fleuve se divisa « en plusieurs branches, qui menacèrent Résina et Por- « tici... »

Mais reprenons à son commencement l'histoire du fait.

Aux premiers jours d'octobre 1822 quelques secousses de tremblements de terre semblaient avoir leurs siéges de plus en plus rapprochés du Vésuve; puis de fortes détonations furent entendues, qui changèrent presque en certitude la conjecture que le volcan allait entrer ou entrait dans une période d'activité. Aussi on remarqua le 20 octobre que les puits, les fontaines, les ruisseaux des environs du volcan étaient à sec, phénomène qui ne se manifeste pas toujours, mais auquel, quand il se manifeste dans ces proportions, on attribue le caractère d'un avant-coureur qui précède de peu les faits d'explosion. Dans la matinée du 21 cependant, rien de bien extraordinaire ne se remarqua, si ce n'est que, par un ciel serein, un temps calme et avec un vent à peine sensible, la baie de Naples moutonna d'abord fortement, puis fut en tourmente. C'est sur les deux heures de l'après-midi que commença réellement l'action. Alors, à la suite d'une violente détonation, apparut un jet rapide de fumée noire qui s'élança dans les airs en colonne immense et dont le sommet, retombant de tous côtés, figura bientôt ce gigantesque pin d'Italie décrit par Pline, à l'occasion de l'éruption de 79. Après un peu plus d'un quart d'heure d'immobilité dans sa station verticale, le tronc de l'arbre géant s'inclina du côté du couchant, et la baie fut toute couverte de cendres et voilée par la fumée. Cependant la lave s'élevait en bouillonnant et couronna bientôt le cratère d'un hémisphère embrasé, qui creva et s'élança impétueusement par l'échancrure occidentale, sans attaquer quelque autre partie du sommet. L'écoulement n'eut pas d'interruption jusqu'à la nuit et forma sur le bourrelet, dans le prolongement à droite du Canteroni, une véritable mer de feu. De nouvelles masses de matières embrasées survenant encore, cette mer finit par déborder en divers torrents, qui menacèrent Résina, mais dont aucun n'atteignit cette ville.

A dix heures du soir commença une trêve à l'écoulement des laves par le cratère. Une heure après s'élança tumultueusement une autre colonne de fumée plus intense et plus forte que la première; mais celle-ci s'abattit dans la direction de Bosco-Tre-Case et de Bosco-Reale et couvrit ces régions de cendres et de fumée. Pendant toute la nuit la bouche méridionale seule lança une quantité de scories, de pierres, de lapilli telle que la plaine en fut couverte. Les habitants des lieux menacés s'enfuyaient de toutes parts, dans le désordre de la plus grande terreur, lorsque, vers quatre heures du matin, tout rentra dans le calme d'un repos trompeur. Deux heures après, sur les six heures du matin, le volcan reprit toutes ses fureurs. Alors des deux côtés, à l'occident et au sud, ce fut une succession non interrompue de détonations et de projections de matières qui ravagèrent les environs. Toutefois c'était le côté occidental qui pendant toute la matinée l'emportait en violence sur le côté méridional, tandis que dans l'après-midi ce fut celui-ci qui prit le dessus.

La journée du 21 avait été terrible; mais celle du 22 le fut bien davantage. Une colonne de feu de près de 2000 pieds s'éleva au-dessus de la cime du mont. La lave afflua de ses conduits souterrains avec une telle violence qu'elle fit crever le cône des deux côtés opposés, à l'orient et à l'occident; deux fleuves de feu sortirent impétueusement des deux crevasses. Le torrent oriental, moins abondant que l'autre, s'avança cependant jusqu'aux premières maisons d'Ottajano, fait dont on n'avait pas encore eu d'exemple; aussi les habitants avaient-ils abandonné leurs maisons, qui d'ailleurs étaient chargées de cendres et de fragments de scories; mais le fleuve enflammé s'arrêta avant d'avoir atteint les habitations. Cependant le courant occidental faisait une accumulation de laves sur le bourrelet appelé Piano, et finit par s'épancher, se portant vers le sommet de la Fosse-Grande, par où les laves auraient pu descendre sur Santo-Jorio, Portici et Résina, qui auraient été infailliblement détruites. Les accidentations du terrain donnèrent un autre cours au torrent dévastateur, et c'est vers Torre del Greco qu'il dirigea ses menaces de destruction. Il arriva sur le palais du cardinal Rufo et l'église paroissiale, avec une impétuosité qui dut faire croire à la perte entière de ces monuments; mais ces deux édifices présentaient des angles saillants et non des faces résistantes à la tête du courant de laves, et heureusement, car le courant fut divisé par ces angles en branches, qui en longèrent les faces en pierres de taille, et les deux édifices furent préservés.

Pendant les journées du 21 et du 22, le cône apparaissait de tous côtés, même au nord, comme une boule de feu. Les cendres rougies, qui descendaient jusque dans l'Atrio del Cavallo, firent croire à certains observateurs que la lave s'y précipitait; mais ce n'était qu'une apparence trompeuse; car le rapport à l'Académie dit positivement qu'aucune coulée ne se fit de ce côté.

Le travail volcanique se continuait, quoiqu'il se fût manifesté une interruption ou une diminution d'intensité dans les faits extérieurs. Le cratère ayant été obstrué vers les dix heures du matin le 23, la lutte contre les obstacles au dégagement se manifesta par de violentes secousses, qui faisaient osciller le cône comme une immense bouée sur les vagues d'une mer agitée. Une triple trouée se fit du sud au nord, et les trois bouches, superposées l'une à l'autre, vomirent des torrents de matières incandescentes jusqu'à ce que le conduit fût de nouveau ouvert et le cratère déblayé de ses obturateurs accidentels. Alors l'écoulement se fit du côté de la Somma; puis, à raison des obstacles accumulés par les anciennes laves au pied du Vésuve, le torrent se dirigea du côté de la maison du prince d'Ottajano, située au-dessus et un peu à l'est de Tre-Case. Toutefois, marchant sur une surface peu inclinée et remplie d'aspérités, la lave avait un cours de moins en moins rapide, et après avoir cependant causé de grands dégâts dans les propriétés du prince, elle s'arrêta à une petite distance de la maison.

Cette éruption mémorable, après un certain nombre d'autres faits peu dignes d'être transcrits, se termina le 27 octobre 1822 par un véritable déluge d'eaux salées, chargées de cendres et de produits volcaniques de toute espèce. Nous aurons à revenir d'ailleurs un peu plus tard sur les produits du volcan dans les diverses phases d'une éruption, lorsque nous ferons ou que nous aurons fait l'histoire du Vésuve dans ces dernières années, où sa manière d'être a été si bien suivie et étudiée par des hommes spéciaux.

Notons que la pluie de sable et de cendres, dans cette éruption, s'est étendue d'une part jusqu'à Castellamare et de l'autre jusqu'à Naples; puis une particularité qui caractérise cet incendie, c'est que l'abîme rejeta des blocs de sel de cuisine (chlorure de sodium). Enfin, suivant M. Leonhard, l'éruption proprement dite n'aurait cessé qu'en novembre, par la disparition des vapeurs que le volcan, jusque-là, n'aurait cessé d'émettre.

Éruptions de 1828, 1829, 1830, 1831.

(Historiens : *Rapports divers à l'Académie napolitaine.*)

Après un peu moins de six années de repos, le 14 mars 1828, sans aucun signe précurseur, le volcan reprit son activité. Toutefois l'éruption, qui dura douze jours, resta presque limitée à l'intérieur du grand cratère : la lave montant et s'abaissant dans l'intérieur de la vaste chaudière n'en franchit que exceptionnellement les bords. Cependant les vapeurs s'échappaient par des fissures plus nombreuses que d'habitude et offraient diverses colorations. On les apercevait de Naples aussi bien que les flammes qui s'échappaient et s'élevaient de temps à autre. Rien autre chose n'est digne de remarque, à propos de cette éruption; et nous n'avons qu'à citer les dates de quelques autres moins importantes encore, qui commencèrent respectivement à la fin de décembre 1829, le 30 septembre 1830, le 20 septembre 1831, et le 22 décembre de cette même dernière année.

Éruption de 1832.

(Historien : Leonhard.)

Nous devons une petite mention spéciale aux éruptions multiples des mois de juillet et d'août 1832, parce qu'elles furent précédées et suivies d'orages d'une violence presque inouïe. La colonne de fumée, que le peuple de Naples appelle le *Pino*, s'éleva à une hauteur peu ordinaire. Après et au milieu de violentes détonations et de secousses non moins violentes, le flanc du vieux cratère fut déchiré par une fente de 500 pieds de long, en même temps qu'il s'y forma quatre nouvelles bouches. Dès le lendemain de leur formation, ces bouches étaient couronnées d'autant de cônes de 16 pieds de haut, formés des débris de leurs projections. Toutes les ouvertures, fente et bouches, donnèrent de la lave et lancèrent des roches ou des scories. On cite parmi les masses projetées des bombes volcaniques de plus de 100 kilogrammes, qui atteignirent des hauteurs de près de 3000 pieds.

Éruptions de 1833 et 1834.

(Historien : Leonhard.)

Dix mois après, en juin 1833, il y eut encore éruption par le cratère principal et écoulement de lave par dessus le rebord, sans autres phénomènes dignes d'être notés; puis, en 1834, il survint une nouvelle éruption, dont nous devons relater quelques circonstances. D'abord dans la nuit du 22 au 23 août, la partie supérieure du cône subit dans sa forme une métamorphose complète : le petit cône de 1828, qui s'était signalé par de fréquentes éruptions, s'écroula tout à coup avec un fracas épouvantable. A sa place se voyait un gouffre cratériforme, dont l'œil ne pouvait mesurer la profondeur. Le trait le plus saillant de cette éruption, après ce que nous venons de dire, c'est l'énorme quantité de lave vomie jusqu'au 29 août et la vaste étendue qu'elle envahit, Les habitations et les bois du territoire de Bosco-Tre-Case furent en partie détruits par un torrent qui les envahit. Plus de 180 familles perdirent leur avoir dans cette catastrophe. Enfin un fait à noter, c'est que pendant l'événement tous les poissons d'un étang des environs de Pouzzoles périrent brusquement, probablement asphyxiés par des émanations méphitiques ou délétères qui arrivèrent de crevasses du fond dans les eaux du réservoir.

Éruption de 1835.

(Historien : Leonhard.)

Après un repos de sept mois, le 1er avril 1835, débuta une éruption accompagnée de circonstances singulières et même très-bizarres, dont les historiens du Vésuve n'avaient pas encore cité d'exemples. C'est vers sept heures du soir que se manifestèrent les premiers phénomènes. Tout l'intérieur du grand cratère, c'est-à-dire une bouche de plus d'une lieue de circonférence, ressemblait à une fournaise, dont l'éclatante lueur illuminait le ciel. Des explosions formidables se succédaient presque sans interruption, sans qu'il y eût d'intervalle de temps appréciable entre deux explosions consécutives. Leur intensité alla croissant et atteignit les limites du bruit possible. Aussi ce n'étaient pas seulement des masses des roches, mais des *morceaux* mêmes de la montagne qui étaient lancés violemment dans les airs. Tous ces débris retombant encore enflammés dans le voisinage immédiat du gouffre qui les avait vomis, avaient revêtu le volcan comme d'un manteau de feu. Puis aux explosions se mêlaient des mugissements effroyables et des roulements qu'on ne peut comparer qu'à la voix du tonnerre. Les villages du pied de la montagne étaient affreusement secoués, et jusqu'à Naples les maisons étaient ébranlées. On conçoit la terreur panique dont furent saisis les habitants les plus voisins de la cause du fléau, et jusqu'à Naples même on n'était pas rassuré. Cependant, malgré toute cette activité du volcan, il n'y eut pas d'effusion de lave, ce qui paraîtra surprenant. Puis le même jour, vers neuf heures du soir, après une durée de deux heures, tout ce fracas s'arrêta tout à coup; à minuit la cime ne présentait plus d'indice de feu, et le lendemain même toute fumée avait disparu.

Éruptions de 1837 et 1838.

(HISTORIEN : Leonhard.)

A la suite de l'éruption de 1835, le repos du volcan ne fut guère troublé qu'en 1837, où il y eut, à diverses reprises des émissions de masses et de blocs isolés. Ensuite une éruption très-violente, mais de peu de durée, eut lieu en 1838, dont nous allons dire quelques mots. Le 1er août 1838, vers midi, le canon annonçait aux Napolitains que leur roi venait d'avoir un fils. On ne tarda pas à remarquer que dans les intervalles des coups, retentissaient des détonations assez fortes; mais d'abord les uns attribuèrent ces intercalations de bruits à des échos, tandis que les autres les expliquaient par des salves de forts éloignés ou de gros vaisseaux de ligne. Enfin, quelqu'un s'avisa de jeter les yeux sur le Vésuve, tout le monde l'eut bientôt imité, et il n'y eut plus d'énigme pour personne. C'était le Vésuve dont la voix se mêlait à celle du canon. La montagne, en effet, qui donnait, depuis plusieurs semaines, des indices d'une prochaine activité, était alors sillonnée sur son flanc, en face de Naples, par un gros torrent de lave qui coulait vers l'Ermitage. Mais bientôt l'éruption, malgré la menace de son début, se termina par une pluie de feu et des jets de hautes flammes, artifices auxquels le volcan a habitué ses voisins, et on en fut quitte pour un peu de peur.

Éruption de 1839.

(Historiens : Guarini, Palmieri, Sacchi.)

Avec l'année suivante, 1839, le 1er janvier même, commença une éruption que l'on cite pour sa beauté merveilleuse et qui fut heureusement peu désastreuse. Cette éruption, très-remarquable sous plus d'un rapport, se distingue surtout par les transformations qu'y subirent les bords et le fond du cratère, qui furent singulièrement tourmentés et déchiquetés. La catastrophe s'annonça par un bruit sourd et des craquements d'un son presque métallique, qui venaient de la montagne. La terre tremblait tout autour du volcan jusqu'à Naples, où, dans le quartier le plus populeux, toutes les portes et les fenêtres furent ébranlées. Bientôt de la bouche du volcan il sortit une grande colonne de fumée, couleur de suie, fort tourbillonnante, et en même temps s'élancèrent des jets de vapeurs d'eau, blanches comme neige, et formant des masses cotonneuses du coton le plus fin. Le tout était sillonné de fréquents éclairs, dont le brillant tranchait sur le fond des nuages noirs que le vent du nord avait amassés autour de la montagne. Une pluie de laves triturées, de cendres volcaniques, s'abattit sur les environs, qui furent couverts comme d'une couche de neige grise. Torre del Annunciada fut encombrée de cette neige, dont la poussière la plus fine fut transportée fort loin par le vent. Naples en reçut une assez grande quantité, et toute communication par la grande route fut interrompue pendant quelque temps. Une énorme quantité de scories furent projetées à l'ouest et au sud du volcan, et, en même temps, ce qui n'est point ordinaire, il sortit du cratère des courants laviques, qui prirent course dans plusieurs directions.

Dans cette journée, deux Anglais eurent la folle témérité d'essayer de gravir les flancs du volcan. Déjà ils étaient à mi-hauteur du cône et prétendaient, malgré l'imminence du danger, pousser plus loin leur tentative. Mais il survint une averse de parcelles brûlantes de lave qui jeta par terre l'un des trop courageux touristes, lui grilla le visage et les mains. Le malheureux n'eut que la force de se relever et de fuir; il fut suivi de son compagnon, qui comprit qu'il fallait renoncer à tenter seul de mener à bonne fin l'exploit entrepris à deux.

Les phénomènes décrits plus hauts se répétèrent le lendemain avec une énergie plus grande encore. C'est vers le soir de ce jour que l'éruption atteignit son maximum. Aussi, pendant la nuit, la majestueuse colonne, sombre la veille, parut toute de feu, et les flammes s'élançaient à une hauteur incroyable. C'était alors un spectacle d'une magnificence que l'on doit renoncer à décrire. Les mesures prises au moment des faits disent que la colonne de feu, d'environ 150 pieds de diamètre, s'élevait à 1100 pieds au-dessus du rebord ou de l'ourlet du cratère, c'est-à-dire, à une hauteur égale au tiers de celle de la montagne. Puis, chose prodigieuse! des masses embrasées étaient lancées à 400 pieds plus haut.

La fermentation intérieure du foyer dura jusqu'au 8 janvier. Après la nuit du 10, le volcan et la montagne furent vus couverts de neige.

Nota.

Pour la continuation de notre chronique vésuvienne, à partir de 1839, époque où nous sommes arrivés, jusqu'à 1862, nous puiserons nos renseignements, presque en entier, dans un mémoire adressé à l'Académie des sciences de Naples par MM. Guarini, L. Palmieri et A. Sacchi (Naples 1855) ; dans les annales de l'Observatoire vésuvien, de M. L. Palmieri (Naples 1859); dans de nouvelles annales du même observateur (Naples 1862). Nous n'avons eu entre les mains que les textes italiens, et, bien que la langue des Napolitains ne nous soit pas très-familière, nous pensons cependant avoir reproduit fidèlement le sens des ouvrages que nous avons consultés. Nous avons mis toute notre attention à n'omettre aucun des détails ni aucune des circonstances qui peuvent jeter du jour sur l'histoire du globe terrestre en général, et des phénomènes volcaniques en particulier.

Chronique des faits du Vésuve, de 1839 à 1850, et éruptions de 1846, 1847, 1848.

(Historiens : Leonhard, Palmieri, Guarini, Sacchi.)

Après le grand événement de 1839, disent M. Leonhard et les savants napolitains, le Vésuve persista pendant quelque temps dans un état de tranquillité relative, sinon dans un état d'inactivité absolue. En effet, des émissions de fumée par le sommet, des apparitions de fentes, qui de temps à autre sillonnaient le cône principal, montraient suffisamment que le foyer intérieur n'était pas éteint. Alors le cratère présentait une profonde cavité conique, où l'on pouvait, en luttant contre les difficulés, descendre jusqu'au fond, sans courir un grand risque. Dans l'automne de 1841, une explosion modérée ouvrit le fond du cratère, et par ce gouffre se fit une éruption ou plutôt un jet de matériaux, qui produisit lentement un petit cône intérieur, d'où s'échappait sans interruption une fumée blanchâtre, d'intensité variable. En même temps, de petits courants laviques se faisaient jour, tantôt d'un côté, tantôt de l'autre, de la base du cône adventice, et, retenus par les parois de l'ourlet, ces matières exhaussaient le fond de la chaudière. Pendant le mois de mars 1842, la fumée avait pris une couleur rougâtre autour de la bouche, où ils s'étaient formées de larges crevasses, qui donnaient de temps à autre des vapeurs sulfureuses. Notons que ces vapeurs, souvent abondantes dans le cours de cette année, cessèrent complétement lorsque commença l'éruption de l'Etna, le 27 novembre 1842. Le même état de choses, moins les vapeurs sulfureuses, se continua encore persistant; mais, écrivait M. Leonhard, en 1844, bien des indices semblent annoncer que le Vésuve touche à une période d'activité et menace de faire une prochaine catastrophe. Nous verrons si les prévisions du géologue allemand ont touché juste.

Cependant, par toutes ces petites éruptions, le fond du cratère s'était exhaussé au point que dans l'automne de 1845 il était presque au niveau du rebord, et le gouffre formé en 1839 se trouvait comblé. Dès lors, quelques courants enflammés pouvaient s'épancher pardessus l'ourlet, là où celui-ci avait la moindre hauteur. En juillet 1846, le cône adventice dominait de quelques mètres la *Punta del Palo*, point le plus élevé du rebord, quoique ce cône adventice eût subi de nombreuses avaries par de fréquentes dislocations.

Pendant huit années, depuis l'éruption de 1839 jusqu'à celle de 1847, le cratère, le volcan, même extérieurement, ont passé par des variations d'aspect dont on imaginerait difficilement le nombre. Nous avons vu le fond du cratère s'exhausser, le cône adventice naître et grandir; puis c'étaient les laves qui sortaient de la base du cône ou par des fentes du cratère, tantôt se rassemblant en un lac embrasé, tantôt figurant les sinuosités d'un ruisseau de feu, tantôt, mais plus rarement, coulant le long de la pente du grand cône, du Vésuve proprement dit. En 1845, la lave avait même fini par atteindre la base orientale du volcan et le bois qui y aboutit. Ensuite, le cône adventice ayant été en grande partie détruit par une explosion violente, il s'en forma un nouveau sur un point différent. Celui-ci s'accrut, malgré des *démolitions* plus ou moins profondes, des altérations notables dans sa forme, qu'il eut à subir de temps à autre. Il lançait constamment par sa cime, des rochers, des fragments de lave, des bombes volcaniques, des cendres, le tout accompagné de torrents de fumée. Ces éruptions, qui s'étaient faites d'abord par une seule bouche, se firent ensuite par deux; mais, dans cette dernière circonstance, les matériaux lancés par l'une des bouches différaient de ceux qu'émettait l'autre. Puis, indépendamment du cône adventice principal, il s'en élevait sur le plancher du cratère un grand nombre d'autres petits, dont la durée généralement était très-éphémère; après avoir présenté en petit les phénomènes du cône principal, ils étaient détruits par une convulsion. A ces éruptions par les cônes se joignaient des jets de pierres et d'autres substances, par de nombreux fendillements de l'Alto-Piano. Un bruit assez grand, mais variable dans son intensité, accompagnait cet ensemble.

C'est près de la Punta del Palo, du côté du nord, que s'est manifestée la plus grande énergie, la plus grande intensité des faits; mais c'est du côté oriental que les éruptions ont eu le plus de fréquence. On a aussi distingué deux époques de plus grande conflagration, dans les mois d'août et de septembre 1847 et en juin 1848. C'est pendant l'été et l'automne de 1848 que s'est le plus prolongée la durée des phénomènes modérés.

Les campagnes environnantes ont eu peu à souffrir des émissions de pierres ou des courants de laves, on peut même dire que les dommages par ces causes ont été nuls; mais les exhalaisons méphitiques y ont, en revanche, occasionné des pertes notables. Ces exhalaisons seules, en avril 1848, mêlées de pluies en juin

1849, ont brûlé la plupart des bourgeons des plantes fructifères. Les mofettes s'accumulaient naturellement, surtout dans les bas-fonds; les plus remarquables, pour la quantité des gaz méphitiques, ont été celles d'avril et de mai 1849, dont ont souffert beaucoup de terres cultivées de Résina.

Souvent, pendant la période que nous venons de passer en revue, on a observé un abaissement de niveau et même quelquefois un desséchement complet des puits dans les contrées avoisinantes. Ce phénomène est considéré communément comme un signe précurseur de convulsions prochaines du volcan. Cependant, ajoutons de suite que, si le pronostic n'est pas infaillible, on peut le regarder comme indiquant une certaine activité souterraine.

Parmi les phénomènes curieux et rares de cette éruption, ou plutôt de ces éruptions, nous citerons l'observation quelquefois répétée de ces globes de fumée qui, s'évidant suivant un axe, prennent la forme de cercles blanchâtres, tournoyant gracieusement dans l'air autour de l'axe d'évidement et persistant pendant plusieurs minutes, après lesquelles ils s'évanouissent graduellement.

Au nombre des produits récoltés dans les fumaroles, les plus importants qu'on ait trouvés, sont le *cotunnia* (chlorure de plomb), généralement rare, qu'on trouva en mars 1840, près de la Punta del Mauro, et le sulfate de potasse, dont M. Palmieri trouva de nombreux cristaux au mois de novembre 1848. Mais il faut mentionner aussi un fait observé pour la première fois le 22 avril 1845, et reproduit plus tard : c'est l'émission ou l'éruption de cristaux blancs de *leucite*. Enfin signalons que, dans le courant de cette longue période active, les fumaroles n'ont pas produit de soufre, malgré l'observation d'exhalaisons fréquentes d'acide sulfureux. M. Palmiéri, d'ailleurs, n'en avait rencontré, depuis l'incendie de 1830, qu'une seule fois, quelques cristaux au fond du cratère, dans le mois de mars 1831.

Journal des événements du Vésuve, depuis 1840 jusqu'au mois de mars 1850.

Nous croyons devoir enregistrer ici une série d'observations, une espèce de journal dû au patient M. L. Palmieri et à des observateurs consciencieux, à qui il en a emprunté une partie. On a omis d'y consigner les jours où rien d'important ne s'était manifesté. Ce journal, abrégé de l'*Histoire du volcan* pendant une période de dix années, fera connaître rapidement les faits et gestes remarquables du Vésuve pendant cette période :

1840 — 31 mars. Le cratère avait la figure d'une chaudière sans cône adventice ; le fond du cratère dégageait de l'acide sulfureux et de l'acide sulfurique ; on trouva du *cotunnia* et du cuivre oxydé près de la Punto-del-Mauro.

1841 — 20 septembre. Éjection de pierres du fond du cratère.

1842 — 17 juillet. Éjection de pierres du fond du cratère, et manque d'eau dans les puits de Résina.

1843 — 14 janvier. Formation d'un petit cône adventice dans le cratère.

15 mars. Trois courants de lave issus de la

base du cône adventice ; existence d'oligistes dans les fumaroles.

1843 — 22 mars. Deux nouvelles bouches vomissantes au flanc du cône interne.

30 juin. Deux courants de lave sortant de la base du cône adventice.

15 juillet. Éruption du cône adventice par trois bouches ; lave sortant de la base.

4 septembre. Grande fente longitudinale au cône adventice ; violente éruption de pierres ; chlorure de cuivre dans les fumaroles.

9 septembre. Nouveau cône adventice sur les ruines du précédent ; lave issue de sa base.

13 octobre. Cône adventice, éjaculant par trois ouvertures, deux à la cime et la troisième au flanc oriental ; lave issue près de sa base.

31 octobre. Deux ouvertures, une seule vomissante, au cône adventice ; lave sortant de sa base ; sulfate de cuivre dans les fumaroles.

18 novembre. Six courants de lave sortant de la base du cône adventice ; fumaroles présentant abondamment l'oligiste et le chlorure de cuivre.

30 novembre. Cône adventice pourvu de quatre bouches en éruption ; lave sortant de la base plus abondante que d'ordinaire.

14 décembre. Lave sortant au-dessous de la Punta-del-Palo, à l'intérieur du cratère ; oligiste et oxyde de cuivre abondants.

1844 — 19 janvier. Lave sortant en sept courants

issus de diverses parties du fond du cratère ; une grande partie du cône adventice abîmée.

1844 — 31 janvier. Lave sortant près de la base du cône adventice par cinq courants ; l'une des ouvertures lançant d'abord des pierres, comme la cime du cône le fait quelquefois.

27 février. Lave sortant à 50 mètres à peu près de distance du cône adventice ; oligiste en abondance.

2 mars. Formation du côté du sud, dans le cratère, d'une nouvelle bouche d'éruption, qui a donné de nombreux ruisselets de lave ; cône adventice vomissant par trois bouches ; cristaux isolés de pyroxène.

5 avril. Grande fente au cône adventice ; lave coulant par cinq endroits ; abondance de cuivre oxydé.

13 avril. Émission de fumée en forme de *cercles*.

22 avril. Deux bouches d'éruption au cône adventice ; quatre autres au fond du cratère, près de la base du cône ; grande fente au côté sud du cratère ; abondance d'oligiste et de sulfate de chaux.

6 juillet. Trois courants laviques à la base du cône adventice ; émission de fumée en forme de cercles.

23 juillet. Éruption de fumée en forme de cercles pendant toute la journée ; forts mugissements ; quatre courants au fond du

cratère; plusieurs fentes au cône interne; manque d'eau dans les puits de Résina.

1844 — 4 août. Grandes stalactites de chlorure de sodium et de potassium, mêlés au chlorure de fer (conservées pendant plusieurs jours, elles abandonnèrent leur chlorure de fer à l'humidité de l'air et se couvrirent de cristaux verts d'un autre chlorure).

24 août. Le sommet du cône interne surpasse un peu l'ourlet; deux courants de lave au fond du cratère; éruption de cristaux isolés de pyroxène.

4 septembre. Grande émission de pierres et de laves par le sommet du cône.

8 septembre. Écroulement du sommet du cône; trois bouches d'éruption au-dessous de la Punta-del-Palo.

30 octobre. Deux nouveaux petits cônes d'éruption dans le cratère et divers courants à son fond; abondance d'oligiste et de sulfate de cuivre.

4 novembre. Destruction des deux cônes du 30 octobre; grand courant de lave partant du pied du grand cône.

20 décembre. Deux nouveaux petits cônes du côté de l'Orient; six courants de lave issus de l'Alto-Piano.

1845 — 24 janvier. Trois courants de lave à l'Alto-Piano du cratère; grande abondance de sel marin.

3 février. Forte éruption du cône interne et abîmement de son sommet; nouveau petit

cône d'éruption; divers courants de lave dans le cratère.

1845 — 19 mars. Brillante éruption du cône interne; pas de lave coulant sur l'Alto-Piano; oligiste de cuivre dans les fumaroles.

22 avril. Deux petites bouches d'éruption du côté est; éruption de cristaux isolés de leucite de l'une d'elles; grand torrent de lave issu d'une fente voisine des deux bouches; pierres massives lancées par le cône intérieur; abondance de sulfate et de chlorure de cuivre.

30 avril. Tranquillité du cône intérieur; quatre courants de lave à l'Alto-Piano; abondance d'oligiste.

11 mai. Cône interne tranquille pendant une grande partie de la journée; petit cône d'éruption de courte durée; grande fente à l'est dans l'Alto-Piano.

14 juin. Vive éruption du cône intérieur; lave au sud de l'Alto-Piano; autre lave du côté nord-ouest.

9 juillet. Deux nouvelles bouches d'éruption, l'une sous la Punta-del-Palo, et l'autre du côté du sud-ouest.

7 août. Trois petits cônes d'éruption avec grand bruit, à l'ouest; de l'un d'eux des cristaux isolés de pyroxène; beaucoup de jets de pierres dans l'Alto-Piano du cratère.

25 août. Éruption bruyante du cône interne; émission de fumée en forme de cercles; quel-

ques petites bouches d'éruption à l'ouest; beaucoup de lave dans l'Alto-Piano; abondance d'oligiste.

1845 -- 29 août. Météore lumineux sur le Vésuve vers dix heures du soir.

8 septembre. Météore semblable sur les onze heures.

14 septembre. Grande cavité avec trois bouches d'éruption du côté du nord; éruption de cristaux isolés de leucite par le cône intérieur; abondance de chlorure de cuivre; météore lumineux à la base du Vésuve du côté de Résina.

21 septembre. Forte éruption du cône intérieur avec abîmement de sa cime; lave sortie du fond du cratère.

10 novembre. Nouveau petit cône d'éruption, donnant de la lave par sa base.

20 novembre. Sommet du cône à 21^{m},3 plus bas que Punta-del-Palo (la Punta-del-Palo est à 1203 mètres au-dessus du niveau de la mer; elle est au nord du méridien qui passe par le centre du cratère et sur la même ligne est la Punta-del-Nasone, la plus haute cime de Somma).

22 novembre. Torrent de lave sous la Punta-del-Palo; autre lave de la base du cône interne; quantité extraordinaire de fumaroles.

9 décembre. Deux petites bouches d'éruption au travers de la Punta-del-Palo et du cône interne; brillante éruption du cône interne; sulfate de cuivre dans les fumaroles.

12 à 20 décembre. Émission de fumée en forme de cercles.

1846 — 22 janvier. Quatre ouvertures éruptives au cône intérieur ; beaucoup de lave issue de l'Alto-Piano du cratère.

28 janvier. Petit cône d'éruption à l'est; nombreuses fentes au cône intérieur ; rumeurs; desséchement de quelques puits à Résina.

4 février. Lave descendue par le cratère jusqu'à la base du grand cône, du côté nord-ouest.

27 février. Grand lac de lave et jets de lave dans l'Alto-Piano du cratère ; le sommet du nouveau cône interne de 9 1/2 mètres plus bas que la Punta-del-Palo.

14 mars. Beaucoup de lave dans l'Alto-Piano du cratère; l'un de ces courants passe par dessus l'ourlet du côté nord-ouest.

31 mars. Le sommet du cône interne est à 6^{m},8 au-dessous de Punta-del-Palo.

18 avril. Six petits cônes d'éruption dans le cratère ; fumée en forme de cercles par le cône interne ; manque d'eau dans quelques puits de Résina.

12 mai. Cône interne très-élancé vers sa cime; oligiste dans ses fumaroles ; plusieurs cours de lave de l'Alto-Piano du cratère.

27 mai. Forte éruption et chute de la cime du cône intérieur.

24 juin. Fumée endommageant les cultures de Résina ; desséchement de quelques-uns de ses puits.

1846 — 5 juillet. Sommet du cône de 16^{m},5 au-dessous de Punta-del-Palo.

8 juillet. Cours de lave par le cratère jusqu'à la base du grand cône, du côté est; manque d'eau dans beaucoup de puits des lieux voisins; beaucoup de bouches d'éruption dans l'Alto-Piano.

10 août. Grande fente du sommet à la base du cône intérieur avec courant de lave; petit cône, à la base du grand, lançant impétueusement beaucoup de pierres et des cristaux isolés de leucite.

26 août. Lac de lave près de la base du cône intérieur; éruption de cristaux isolés de leucite; lave descendue du cratère au milieu de la hauteur du grand cône, au nord-ouest.

13 septembre. Lave de la base du cône intérieur; petite bouche d'éruption dans l'Alto-Piano du cratère.

20 novembre. Lac de lave près du bord est; éruption impétueuse du cône intérieur.

29 novembre. Cinq torrents sous la Punta-del-Palo; quatre petites bouches d'éruption au nord-ouest; fumée en cercles d'une petite bouche du cône intérieur.

8 décembre. Deux petits cônes d'éruption près de la Punta-del-Palo; lave descendant du cratère à l'est.

1847 — 7 janvier. Plusieurs bouches éruptives dans l'Alto-Piano du cratère; lave coulant dans l'Atrio-del-Cavallo du côté du nord-est et du côté est.

1847 — 16 janvier. Deux petits cônes à la cime du cône interne; deux autres petits cônes, l'un sous la Punta-del-Palo, l'autre à l'est, tous éruptifs; beaucoup d'écoulements laviques dans l'Alto-Piano; sommet du cône interne de $19^{m},3$ plus élevé que la Punta-del-Palo.

7 février. Tranquillité du cône intérieur; laves à l'est, dont quelques-unes passent au-dessus de l'ourlet; éruption de cristaux isolés de leucite.

18 février. Lave lancée à grande rumeur près de la Punta-del-Palo; trois bouches éruptives à la cime du cône intérieur.

21 mars. Lave descendant, à l'est, du cratère à la base du Vésuve.

29 mars. Sommet du cône intérieur de $33^{m},8$ plus élevé que la Punta-del-Palo.

22 avril. Sortie de lave sous la Punta-del-Palo; fumée en forme de cercles.

3 juin. Lave de la base du cône interne; abondance d'oligiste.

22 juin. Éclatante éruption du cône intérieur; divers courants de lave dans l'Alto-Piano; éruption de cristaux isolés de leucite.

18 juillet. Plusieurs petits cônes éruptifs dans l'Alto-Piano; lave descendant du cratère au nord-ouest; fumée en cercles.

2 août. Manque d'eau dans les puits de Résina; grand torrent lavique, de la base du cône interne et coulant jusqu'à Piano-delle-Ginestre; vive secousse à la cime du Vésuve.

1847 — 9 août. Nouveau torrent à côté de la lave du 2, qui, arrivant à la base du Vésuve, faisait des explosions comme un cône éruptif.

12 août. Explosions de lave à la base du Vésuve; grande fente sous la Punta-del-Palo; abondance d'oligiste; cône interne presque calme.

15 à 22 août. Cours de lave sur la pente ouest du Vésuve. Le 16, le cône interne surpassait de 37m,1 la Punta-del-Palo; son orifice au sommet avait 42 mètres de diamètre; le diamètre inférieur du cône 185 mètres; sa génératrice était inclinée de 35° à 36° sur l'horizon.

25 août. Nouveaux torrents de lave coulant au nord-ouest et au sud-ouest jusqu'à la base du Vésuve, et quelques-uns, se joignant sur le Piano-delle-Ginestre, faisaient des explosions; éruption impétueuse du cône intérieur.

27 août. Les laves du 25 coulent encore.

1er septembre. Grand lac de lave sur l'Alto-Piano; courant sur la pente ouest.

2 septembre. Deux torrents sur la pente ouest du Vésuve; cône intérieur presque calme.

3 à 8 septembre. Nouvelles laves sur les pentes ouest et sud du Vésuve.

9 septembre. Inflammation presque totale de l'Alto-Piano du cratère; faibles et rares explosions du cône intérieur avec éruption de sable.

12 septembre. Abondante émission de sable

du cône interne ; deux petits cônes éruptifs au nord-ouest ; abondance d'oligiste.

1847 — 13 septembre. Laves sur la pente ouest, sortant de dessous les laves refroidies du cratère, près de l'ourlet.

16 septembre. Quatre ruisselets de lave sur la pente ouest du Vésuve.

23 septembre. Laves enflammées sur les flancs du Vésuve ; quasi-calme du cône interne.

27 septembre. Calme presque parfait du Vésuve.

12 à 17 novembre. Petits jets de laves de l'ourlet du cratère.

16 décembre. Deux bouches éruptives dans la partie sud-ouest de l'Alto-Piano du cratère ; lave issue de l'ourlet à l'est ; fumée en cercles.

1848 — 23 janvier. Trois torrents de lave sur l'Alto-Piano, dont l'un descend jusqu'à la base du Vésuve.

9 février. Cinq bouches éruptives dans l'Alto-Piano du cratère.

15 février. Cône interne en éruption par plusieurs bouches ; lac de lave dans la partie est de l'Alto-Piano ; courant descendant à mi-côte.

23 février. Grande fente au cône interne, plusieurs petits cônes éruptifs, beaucoup de jets de lave dans l'Alto-Piano ; abondance d'oligiste et de chlorure de cuivre.

23 mars. Sommet du cône interne croulant sous les explosions ; petites laves lancées

hors de l'ourlet ; beaucoup de petits cônes actifs sur l'Alto-Piano.

1848 — 1er et 2 avril. Mugissements forts ; le 2, deux bouches ouvertes près de la base du grand cône, au nord-ouest, avec explosion, puis sources abondantes de lave ; beaucoup de petits cônes actifs et de cours de lave dans l'Alto-Piano ; abondante émission de fumée nuisible à la végétation.

8 août. Lave descendue de la base du cône interne jusqu'à celle du Vésuve; autres laves coulant dans l'Alto-Piano ; douze petites bouches actives à la cime du cône intérieur.

29 mai. Puissante explosion du cône interne avec abîmement de son sommet ; petits cônes actifs, et lave coulant dans l'Alto-Piano du cratère.

31 mai. Lave arrivée par le nord-ouest dans l'Atrio-del-Cavallo.

23 juin. Absence d'eau dans les puits de Résina et de la Tour-du-Grec ; secousse de tremblement dans le voisinage du Vésuve ; lave arrivée tout près de Fosso-della-Vetrana.

4 juillet. Beaucoup de petits cônes actifs aux parois internes du grand cône ; lave descendue près du bois d'Ottajano ; grosses masses lancées hors de l'ourlet.

7 juillet. Abîmement d'une partie du cône interne ; lave descendue à Piano-della-Ginestre.

1848 — 14 juillet. Éruption de sable nuisible à la végétation.

15 à 19 juillet. Puissante secousse du Vésuve; le 16, écoulement de lave sur la pente est du Vésuve.

Novembre. Sulfate de potasse cristallisé dans les fumaroles.

1849 — 7 janvier. Lac de lave liquide dans l'Alto-Piano du Vésuve ; abondance de sulfate de cuivre.

10 janvier. Grande fente du cône interne; lave issue d'une ouverture sous l'ourlet est, se rendant jusque près des terres cultivées; émission de sable.

15 janvier. Lave comme le 10; émission de cristaux isolés de leucite.

25 janvier. Lave descendue jusqu'au bois du prince d'Ottajano.

25 février. Manque d'eau dans les puits du voisinage; lave arrivant au bois du prince d'Ottajano, s'y épandant et donnant de la fumée en cercles.

23 avril. Émanation de gaz acide carbonique (moffette) au pied ouest du Vésuve; petits cônes actifs et sources de lave près de la base du cône interne.

31 mai. Sept bouches actives au cône intérieur; lave issue de la base du grand cône et allant jusqu'au bois du prince d'Ottajano; beaucoup de mofettes sur le territoire de Résina (dans la campagne).

Juin. Des pluies mêlées à la fumée du Vésuve

désolent et abîment les cultures de la Tour-du-Grec.

1849 — 6 juillet. Abondante émission de sable.

15 août. Vive explosion du cône intérieur ; lave prenant sa source au-dessous de la lave déjà refroidie, près du bois du prince d'Ottajano.

1850 — 23 janvier. Sommet du cône abîmé par une vive explosion ; manque d'eau dans les puits de Résina et de la Tour-du-Grec ; abondance de chlorure de cuivre.

5 février. Lave émise d'une ouverture près du côté nord du grand cône vésuvien ; rumeurs crépitantes du cratère.

9 février. Grande fente du sommet à la base du grand cône ; deux petits cônes actifs dans l'Atrio-del-Cavallo près du canal de l'Areno ; lave issue de la base du grand cône et descendant, à l'est, jusqu'aux basses plaines cultivées ; tonnerre vésuvien bruyant.

10 février. Nouvelle lave émise près de l'ourlet ouest de la grande fente ; calme du tonnerre vésuvien.

12 février. Abondante éruption de sable. Du 5 au 12 février se sont formées huit ouvertures au flanc est du mont, qui ont donné des torrents de lave.

16 février. Deux vives explosions à la cime du Vésuve ; l'incendie se calme ; abondance de sel ammoniac sur la lave nouvelle.

23 février. Deux vastes et profonds cratères

dans l'Alto-Piano du Vésuve ; l'ourlet du vieux cratère du côté du sud devenu beaucoup plus élevé que la Punta-del-Palo ; abondance de sulfate de chaux, d'alumine, de magnésie, de soude ; un peu de soufre dans les fumaroles ; pas d'éruption.

1850 — 7 mars. Abondantes mofettes qui avaient commencé le 2 du mois ; fort bouillonnement du Vésuve ; abondance de chlorure de sodium et de potassium dans les fumaroles des laves récentes ; abondantes incrustations salines sur la pente du Vésuve et de la Somma.

Pour clore ce journal, nous allons traduire la note donnée par le professeur Amante, sur la hauteur du point qui est devenu le plus élevé de ceux du Vésuve. « Le 7 mars 1850, on mesura avec un instrument du bureau topographique la distance zénithale de la pointe sud-est du cratère, notablement plus élevée que tous les autres points du périmètre, depuis la dernière éruption. Cette pointe ne fut plus visible de Naples le jour suivant, cachée par la fumée émise continuellement par tout le cratère ; pour cette cause, on ne put apprécier que approximativement sa distance linéaire au bureau topographique, nécessaire cependant pour calculer exactement la hauteur. Avec les données, la hauteur de la pointe sud-est, la plus élevée du Vésuve, avait été trouvée de 1291 mètres ; ainsi c'étaient 51 mètres de plus que le sommet du cône détruit dans la dernière éruption et 88 mètres de plus que la Punta-del-Palo, mesurée en 1845. Bien que cette détermination ne puisse être considérée comme très-exacte, elle ne doit pas cependant s'éloigner beaucoup de la vérité, et, suivant toute probabilité, l'erreur serait plutôt en moins qu'en plus.

« Dans les journées des 6, 7 et 14 mars, on répéta encore la mesure de la distance zénithale de la Punta-del-Palo, qui depuis 1845 était la plus élevée du Vésuve ; puis ayant calculé sa hauteur, on trouva qu'elle s'était abaissée de 1 mètre depuis la dernière éruption. »

Éruption de 1850.

(HISTORIENS : M. Palmieri, directeur de l'Observatoire vésuvien ; MM. Sacchi et Guarini.)

Après onze années de vicissitudes du volcan, un commencement de plus grande effervescence s'était manifesté, quand le 23 janvier 1850, une violente explosion et une secousse terrible firent crouler en grande partie le sommet du cône. L'eau avait commencé de manquer dans les puits de Résina et de Torre-del-Greco, et, pour cette fois, l'indice ne fut pas trompeur. Cependant l'action volcanique n'avait pas dépassé les limites ordinaires, lorsque le 5 février une grande déchirure se fit au côté oriental du grand cône, un peu au-dessus de la moitié de sa hauteur. On put observer que dans l'excavation se déposèrent des stalactites de chlorure de sodium.

Bientôt et brusquement le gouffre vomit un torrent de lave, qui, en quelques minutes, avait atteint l'Atrio-del-Cavallo, où il s'élança au travers de l'espèce de plate-forme qui constitue cette demi-ceinture du volcan. Peu après, par une autre bouche qui s'ouvrit aux deux tiers de la hauteur du grand cône, s'élança une nouvelle lave, mais qui n'eut pas une longue course.

Il ne se manifesta rien de bien extraordinaire jusqu'à la nuit qui suivit le 7 février, où l'incendie prit de plus grandes proportions : une nouvelle bouche s'ouvrit, lançant avec un bruit extraordinaire des fragments déjà consolidés des laves des jours précédents. Plus tard deux nouvelles ouvertures se firent, sur lesquelles se formèrent des cônes peu considérables. De la plus orientale de ces ouvertures étaient projetées des masses volumineuses, qui parcouraient avec une rapidité incroyable l'Atrio-del-Cavallo. Plus tard encore la cime du Vésuve se mit à tonner avec tant de force que dans la nuit du 9 au 10 on entendait le bruit jusqu'à Naples. Dans la même nuit aussi s'était ouverte au flanc oriental du cône une crevasse spacieuse, qui venait rejoindre celle formée un peu plus bas, le 5 du même mois.

Revenons au 9. Dans la matinée de ce jour, par un temps magnifique de calme, le Vésuve apparaissait de Naples avec deux grandes bandes d'une fumée épaisse de couleur fauve : la plus élevée partait de la cime, l'autre semblait partir de la base du grand cône ; l'une et l'autre se dirigeaient en droite ligne vers l'île de Capri, où elles semblaient se terminer. Le soleil, peu élevé au-dessus de l'horizon, ne donnait, après avoir traversé cette fumée, que des rayons roussâtres, d'une lumière tellement faible qu'on pouvait, sans être incommodé de son éclat, fixer les yeux sur l'astre. Chose étonnante ! il n'y avait pas d'ombre projetée par cette fumée. Le fait s'explique par ceci que la lumière, après avoir traversé le voile des corpuscules qui flottait dans l'air, avait la même intensité que celle qui était réfléchie des points opposés de l'horizon. La lumière tamisée dont il vient d'être parlé, peut être assimilée à celle d'une grande éclipse solaire.

De Résina, le 9, on entendait comme des grondements de tonnerre qui se succédaient à de courts intervalles; et, au moment de chaque explosion, on voyait la fumée s'élargir en diamètre, sans qu'elle prît cependant l'apparence du pin traditionnel : elle avait l'aspect d'une longue traînée horizontale, qui était dans la direction du vent. A la source les *jets* de cette fumée avaient l'apparence de cônes, presque de cylindres, d'une couleur sombre, zébrée par de larges bandes blanches. La principale source se trouvait près du bord septentrional du cratère, là où s'observait la base d'un cône adventice interne déjà détruit. Au bout d'un assez long temps, la fumée sortit moins abondante, mais en tourbillons épais et noirs. M. Palmieri, montant au Vésuve sur le soir, observa que de la zone supérieure de fumée il tombait du sable du côté de la Tour-de-l'Annonciade, ce qui présentait le même effet qu'une pluie qu'on verrait tomber d'un nuage lointain.

Dans cette excursion, à peu de distance de la Punta-del-Nasone, M. Palmieri fut témoin d'une belle scène d'éruption, qu'il nous raconte. Il se trouvait là, seul avec son guide, les curieux ne recherchant généralement que la nuit la jouissance de ces sortes de spectacles. La direction du vent, qui chassait du côté opposé les émanations gazeuses, était d'ailleurs favorable à ses observations. Deux petits monts plutôt cylindriques que coniques, de 15 mètres à peu près de hauteur, s'étaient formés au pied du grand cône. De leurs cimes il s'élança par alternances, avec une force assez modérée, des masses ardentes d'une lave ramollie, en même temps qu'il se produisait une rumeur sourde, semblable à celle que font des bulles gazeuzes en crevant à la surface d'un liquide. Au côté de l'un d'eux s'ouvrit une bouche en forme de grotte, où se fit entendre le même bruit. Il était beau de voir quelques-unes des masses lancées s'attacher à la voûte de la grotte et, ne pouvant s'y fixer à cause de la haute température du milieu, retomber, après avoir figuré des stalactites. Cependant, du fond de la grotte s'épandait une lave qui descendait vers la base du Vésuve. Toutes ces laves donnaient d'abondantes vapeurs, dont l'odeur trahissait la présence de l'acide sulfureux, et qui de Naples semblaient toutes partir du Vésuve.

Pendant que ces choses se passaient sans beaucoup de bruit dans l'Atrio-del-Cavallo, la cime menaçante du Vésuve redoublait le retentissement de ses bruits fracassants; car cette éruption est remarquable entre toutes par le fracas et l'éclat de ses bruits. Il ne suffisait pas, pour être rassuré, de voir le ciel partout serein: le tonnerre continuellement assourdissant, le langoureux éclat du soleil éclipsé par la fumée, portaient à désirer un asile protecteur, comme à la menace d'un orage prochain. M. Palmieri voulut savoir d'où provenaient ces bruits insolites. Or le vent était favorable à son but; car il faisait plier vers l'intérieur du cratère la grande tempête de pierre qui jaillissait près de la Punta-del-Palo. Aussi put-il sans danger et sans trop de peine monter jusqu'aux deux tiers du grand cône, en suivant le bord de la grande crevasse ouverte dans son flanc septentrional. La première chose qu'il lui fut facile de constater, c'est que le bruit sortait de la cime du Vésuve, là où précisément se voyaient de grands tourbillons de fumée, et que les entrailles du mont étaient tout étrangères à ce phénomène, tandis que l'ensemble des faits eût porté facilement à croire le contraire. En outre du jugement de l'ouïe, qui, dans la position où se trouvait l'observateur, ne pouvait le tromper, il eut, pour se confirmer dans son opinion, ceci, qu'il ne sentait pas la terre trembler sous ses pieds.

M. Palmieri voulut aussi examiner si à tous les coups de tonnerre correspondait un jet de pierres, afin d'apprécier si l'un et l'autre étaient l'effet d'une même explosion. Dans cette recherche il ne fut pas complétement satisfait; souvent, il est vrai, il lui semblait que, aussitôt que les pierres brûlantes étaient chassées avec la fumée, le tonnerre se faisait entendre, mais d'autres fois la coïncidence des deux phénomènes lui parut ne pas exister. En outre les coups de tonnerre se répétaient plus souvent que les jets de pierres.

Du lieu où il était arrivé, M. Palmieri put étudier parfaitement la grande fente dont il a été question. Il la trouva plus semblable à un long précipice qu'à une déchirure longitudinale du grand cône. Il estima qu'elle avait en haut 300 mètres de large et un peu plus de 40 mètres de profondeur, avec un fond légèrement concave et parsemé de gros rochers tombés évidemment des parois latérales. Son mur occidental présentait une courbure profonde; la pente jusqu'au fond était douce, et on n'y voyait d'ailleurs que de gros cailloux mêlés avec des lapilli et du sable; le côté oriental moins courbé joignait le fond par une pente plus rapide. La direction générale de la déchirure passait par le milieu du côté oriental de la Punta-del-Palo. La partie inférieure, beaucoup plus resserrée, avait peu de profondeur, probablement parce qu'elle s'était remplie de matériaux éboulés de la partie supérieure. L'ensemble de la fente pouvait être considéré comme un sillon large et profond, de 700 mètres de long, produit par le soulèvement qu'a occasionné l'infiltration des matériaux internes faisant effort pour venir au jour.

Le Vésuve semblait vouloir se reposer; mais il ne tarda pas à présenter de nouveaux phénomènes. Vers les cinq heures et demie du soir du même jour 9 février, à peu de distance du bord ouest de la grande crevasse, à peu près au sixème de la hauteur du grand cône, sortit un nouveau torrent lavique; coulant sur les laves déjà refroidies du 5, les enveloppant de son cours enflammé, il s'avança vers l'Atrio-del-Cavallo, où, prenant à droite, il rejoignit les laves qui coulaient de la grotte précédement décrite. Cependant la nouvelle coulée parut avoir épuisé la puissance du Vésuve : à mesure de son écoulement, les tonnerres devenaient plus faibles, puisqu'on ne les entendait plus de Naples à dix heures du soir le 9. Toutefois la cime du mont continuait son éruption et ses bruits, quoique avec une moindre furie.

M. Fonseca, observateur aussi exact qu'intelligent des phénomènes vésuviens, qui se trouvait à l'Atrio-del-Cavallo le soir du 10 février, nous apprend qu'une lave, issue du milieu de la hauteur par une dépression longitudinale peu profonde, s'étendit un peu plus bas que le cinquième inférieur de la pente du grand cône et parallèlement à l'autre grande crevasse. Aucun cône ne s'était formé à la source de ce torrent; mais en revanche à peu de distance de cette source le fleuve lavique bouillonnait en quatre points, où se faisaient de petites explosions; ainsi on était tenté de croire que le courant était alimenté par cinq sources, situées en ligne. Le même observateur dit que deux rumeurs se distinguaient partout de la cime: l'une par éclats à intervalles irréguliers, suivis d'éruptions de pierres rougies; l'autre murmurante et continue. Dans la soirée du 12 la lave dont nous avons parlé en dernier lieu, était assez refroidie pour que l'on pût marcher par dessus, tandis que celle du 9, issue de la grotte, continuait à s'avancer lentement. Pendant cette soiree du 12, M. Fonseca observa, au milieu des tourbillons de fumée du cratère, des lueurs qui les traversaient de temps en temps et quelquefois des éclairs. C'est aux éclairs brillants que les guides au Vésuve donnent le nom de *ferrilli*, nom qu'ils donnent d'ailleurs aussi à des masses laviques en forme de fuseau, parce qu'on croit que ces deux genres de phénomènes s'accompagnent. Les ferrilli laviques ne sont autre chose que des bombes volcaniques plus alongées que les bombes ordinaires : il est douteux que leurs éruptions soient accompagnées d'éclairs.

A partir du 10 février, l'émission des pierres brûlées et l'écoulement des laves allèrent en diminuant; mais il n'en fut pas de même de l'éruption des sables et des menus lapilli, qui s'accrut notablement le 12 et continua jusqu'au 15, occasionnant des dommages aux campagnes d'Ottajano et de la Tour-de-l'Annonciade. Enfin le 16 le Vésuve signala la fin de l'éruption par deux fortes détonations, qui s'entendirent distinctement du jardin botanique de l'Académie napolitaine.

Celui des faits de la dernière éruption qui a un caractère de presque nouveauté pour l'histoire du Vésuve, c'est la conformation qui est restée à la partie supérieure du mont : deux gouffres abruptes et profonds y sont demeurés béants. Chacun d'eux peut être assimilé à la profonde cavité en cône tronqué qui a persisté après l'éruption de 1839. D'ailleurs le même fait s'est renouvelé depuis, à la suite de chaque grande éruption.

Principaux phénomènes vésuviens de 1850 à 1855, et éruption de 1855.

Après la grande inflammation de 1850, cessèrent entièrement les phénomènes d'éruption même modérée, qui, pendant huit ans, sans interruption, s'étaient manifestés sur le Vésuve. Cette mémorable période de l'histoire du volcan, où l'on croyait voir clairement la menace d'une éruption grandiose et bruyante, s'était terminée par une série de conflagrations continues. Ce dernier fait a été lui-même suivi d'un repos de cinq années, si on appelle repos l'absence d'explosions et d'arrivée au jour de courants laviques; car les émanations gazeuses abondantes ou pauvres, de compositions variables, et encore des dépôts formés par sublimation sont des phénomènes que le Vésuve n'a cessé de manifester. La connaissance de la nature des gaz, de la variation journalière de leur composition chimique et des autres produits du volcan est d'un haut intérêt géologique et peut servir à donner de bonnes indications à la science de la terre. Malheureusement ce genre d'observations offre de grandes difficultés, et cette histoire ne compte encore qu'un petit nombre de chapitres.

Parmi les faits observés de 1850 à 1855, l'un des plus dignes de remarque, c'est la fréquence et l'abondance du dégagement de l'acide sulfureux parmi les gaz émanés du cratère, dans l'intervalle resserré de l'Alto-Piano, laissé à la cime du mont. En outre de la vapeur aqueuse, le Vésuve avait donné habituellement, au moins depuis 1834, une grande quantité d'acide chlorhydrique et relativement moins d'acide sulfureux, tandis que dans la dernière période c'est l'acide sulfureux qui a prédominé. L'acide sulfureux a été accompagné de dépôts de soufre et de sulfate de chaux. Encore le soufre avant 1850 se trouvait dans les produits de quelques rares fumaroles; mais en juin 1850 et en 1853 les cristaux de ce corps sont devenus si abondants qu'il n'était jamais auparavant arrivé d'en rencontrer autant. Le sulfate de chaux se présentait avec une abondance et des formes qui n'avaient rien d'inusité. Le cuivre oxydé, en forme de lamelles, mêlé au chlorure de sodium, s'est montré aussi abondant au mois de juin 1850. En mai et en juin 1851, M. Palmieri remarqua près des fumaroles des incrustations de chlorure de cuivre, accompagnées de beaucoup de cristaux imparfaits de sulfate du même métal. L'oligiste, qui est l'une des espèces les plus remarquables attachées aux scories du Vésuve, est parmi les produits rencontrés les moins abondants.

Les deux cratères demeurés à la cime du mont, bien qu'ayant subi de temps en temps des éboulements de roches sur leur pente rapide, n'ont cependant pas été modifiés sensiblement dans leur forme générale. L'un de ces éboulements a été causé par une rumeur et des secousses venues des entrailles enflammées du volcan, phénomène qui avait fait pressentir un nouvel incendie, sans que le pressentiment se soit réalisé. Nous aurons plus loin à parler du gouffre formé le 14 décembre 1854, considéré comme prélude de l'éruption de 1855.

Citons, après M. Palmieri, l'un de ces malheurs auxquels sont exposés les visiteurs du Vésuve, quelque prudente que soit leur curiosité. Le docteur en droit Jean-Frédéric Delius, de Prusse, visitait le Vésuve le 11 mai 1854, en compagnie d'amis distingués et joyeux comme lui. Vers cinq heures et demie du soir, soit qu'il eût fait un faux pas, soit qu'une roche eût manqué sous son pied, il fut précipité dans le cratère du côté du nord. Une semblable chute, c'est la mort presque instantanée.

Éruption de 1855.

(Historiens : MM. L. Palmieri, Sacchi et Guarini.)

L'éruption de 1855 débuta le 1er mai, sans s'annoncer par des faits précurseurs, à moins qu'on ne regarde comme tel le phénomène du 14 décembre 1854. Vers 8 heures du soir de ce dernier jour, s'ouvrit dans l'Alto-Piano, près de la Punta-del-Palo, un gouffre presque circulaire d'un diamètre de 80 mètres et d'une profondeur un peu moindre. On remarquait la rapidité d'inclinaison de la paroi, qui se confondait avec celle de la Punta, et sa composition de matériaux incohérents; les autres côtés de la paroi, taillés à pic, mettaient en vue les alternances de laves, de scories et d'autres matériaux fragmentaires qui composent le sol où le gouffre s'était creusé; les lignes de séparation s'y montraient horizontales. C'étaient les résultats des petites et continuelles éruptions de 1842 à 1850, qui avaient rempli le grand cratère laissé par l'éruption de 1839, pour former cet Alto-Piano — le plancher accidenté du cratère — dont il subsiste encore quelque chose. Le contour de l'abîme présentait de nombreuses petites fentes, dont quelques-unes, de quelques centimètres d'ouverture, se continuaient sur la pente interne de la Punta; il y en avait même qui s'étendaient jusqu'à la pente externe. Il fut dit alors que l'annonce du fait avait été indiquée par le manque d'eau dans les puits de Résina, et d'autres rapportèrent avoir observé pendant la nuit la lueur lumineuse émanée des matières incandescentes du fond. Aussi les guides au Vésuve annonçaient une prochaine et belle éruption.

Cependant le fait n'avait été accompagné ni d'explosions ni d'une plus grande abondance de fumée, et le Vésuve persista encore dans son calme. On ne s'occupait plus de la formation du gouffre, lorsque quatre mois et demi après, un peu avant l'aube du 1er mai, se manifestèrent les symptômes d'un nouvel incendie précédés de quelques mugissements qui, dans le silence de la nuit, étaient entendus jusqu'à Portici et à Résina. A dire vrai, dans les trois derniers jours d'avril, le Vésuve émettait par sa cime plus de fumée qu'auparavant, mais cependant pas plus qu'on n'en avait observé certains jours depuis l'incendie de 1850. Encore on crut remarquer alors le manque d'eau dans les puits de Résina; les uns, nous le savons, disent ce signe précurseur des éruptions, d'autres nient qu'il ait cette valeur. Les premiers phénomènes de l'éruption furent l'ascension dans le gouffre de matières fondues, exhalant de notables quantités de fumée, quelques explosions peu effrayantes et le jet de masses laviques de petits volumes, jetées jusque sur la pente extérieure du cratère. Alors des fentes dirigées en tous sens s'ouvrirent sur la paroi la plus rapprochée de la Punta-del-Palo, de telle sorte que, le sixième jour de l'incendie, on pouvait craindre, en s'y avançant, que le sol ne manquât sous les pas. Si les secousses, quoique légères, se fussent prolongées, l'écroulement était inévitable, mais le calme se rétablit dans le gouffre.

Une bouche s'était ouverte un peu avant le levé du jour de ce 1er mai, à un instant où la fumée masquait le lieu de sa situation, sous le côté ouest de la Punta-del-Palo, aux trois quarts de la hauteur du grand cône, à partir de la base, dirigée suivant un plan vertical, passant par le fond du gouffre précédent et l'axe du Vésuve. Cette bouche se mit à lancer d'impétueux tourbillons de fumée et à vomir d'abondants torrents de matières enflammées; celles-si s'écoulaient tranquillement, sans explosion qu'on pût entendre à distance. Le point d'où partait la nouvelle lave, est assez voisin du chemin qu'on prenait habituellement, dans les dernières années, pour monter au cratère, chemin qui côtoyait des laves de 1847. Le nouveau torrent, prenant un peu à gauche, occupa en grande partie ce chemin déjà peu commode, recouvrit en quelques points les laves voisines, et termina sa course vers l'Atrio-del-Cavallo. La lave était encore enflammée le soir du même jour, la source continuant à alimenter le courant, tout en ne cessant d'émettre une abondante fumée, qui dura d'ailleurs plusieurs jours.

La conflagration de la bouche d'en haut n'eut pas grande durée, mais des bouches occidentales s'étaient ouvertes plus bas, à peu près dans la même direction. Celles-ci montrèrent plus d'activité que celles qui étaient les plus voisines de l'ouverture d'en haut, lancèrent dans les airs, les unes de la fumée, et le plus grand nombre des débris des roches arrachées à l'intérieur du Vésuve. En même temps elle vomirent de larges torrents enflammés qui bouleversaient de grandes masses d'anciennes laves; puis les lapillis, les sables qui formaient l'extérieur du grand cône, se précipitaient dans l'Atrio-del-Cavallo. Au-dessous des ouvertures dont il vient d'être question, en apparurent quelques autres qui, comme réunies en un groupe distinct, étaient un peu à l'ouest des premières; elles donnèrent une lave abondante qui s'avança vers l'Atrio-del-Cavallo par un chemin peu distant de celui que suivaient les autres et finit par se joindre à celles-ci dans l'Atrio.

Sur toutes les bouches dont il vient d'être question, à l'exception de la plus élevée, se formèrent des cônes de fragments de lave lancés, puis retombés. Dès lors il fut plus facile de distinguer les positions de chacune, car les cônes correspondants lancèrent par leurs cimes de la fumée, des pierres, des lapilli. Il n'a pas été possible de reconnaître exactement le nombre des bouches et des cônes formés dans cette journée, ni de bien définir leurs rapports avec l'origine intérieure de l'incendie; quant au nombre, le soir de ce jour, vers 8 heures, M. Palmieri en compta 7 avec cônes, et le lendemain, il en compta 10 ou 11. Parmi ces derniers ne se trouvaient peut-être pas tous ceux du jour précédent, qui pouvaient avoir été dispersés par les explosions. Ces petits cônes, de 2 à 5 mètres de hauteur, donnaient de véhéments tourbillons de fumée avec accompagnement de quelques frémissements et de secousses plus ou moins fortes. Bientôt ils ne donnèrent plus *tous* de coulées de laves ni ne jetèrent plus *tous* des matériaux d'éruption, quoiqu'il fût clair, par les accumulations des matières, que *tous* en avaient donné au début. C'est le groupe des cônes supérieurs qui avait lancé le plus de matériaux; leur émission s'y faisait à quelques secondes d'intervalle, et, dans les jets les plus forts, les matières tombaient après cinq secondes.

Le groupe des cônes inférieurs se faisait plus remarquer par le bruit des explosions et par les jets de matières, qui cependant s'élevaient au plus à 20 mètres, leur chute ne durant que deux secondes. Si ces bruits ne se faisaient pas entendre fort loin, comme dans les grandes éruptions, on les entendait néanmoins de l'Observatoire, situé à 2 milles, d'où l'on pouvait compter au moins les plus fortes explosions. N'omettons pas un fait qui montre la facilité avec laquelle on peut commettre des erreurs au sujet de l'apparence de flammes sur le volcan. Le premier soir de l'éruption, M. Palmieri, observant avec l'astronome prussien, M. Jules Schmidt, ils virent sourdre la lave d'une petite proéminence près du groupe des cônes inférieurs. Cette lave était couleur de feu et projetait sur la fumée qui surmontait, une lueur si vive que l'agitation de cette fumée éclairée donnait l'image d'une flamme dansante; l'illumination durait jusqu'à ce qu'on se fût très-rapproché du lieu qui la causait.

Les laves parvenues dans l'Atrio-del-Cavallo et arrivant aux pieds des pentes les plus rapides du mont Somma, décrivirent une grande courbe en passant du côté de l'ouest et se dirigeant comme en sens contraire du torrent de 1850, dont elles étaient éloignées de 433 mètres. Cette direction opposée de la course tenait à une légère protubérance dans l'espace compris entre les deux laves. La barrière insurmontable de la pente abrupte de l'ancien cratère du mont Somma obligea le nouveau torrent à se diriger, comme nous venons de le dire, vers l'ouest, où la rapidité de sa course fut retardée par la rencontre de beaucoup de laves d'époques récentes.

Enfin, de l'Atrio-del-Cavallo, le torrent se précipita dans un grand vallon qui précède et commence le *Fosso-della-Vetrana*. Ce vallon, de forme presque triangulaire est bordé du côté du nord par les *cimes* qui continuent la crête du mont Somma en appuyant un peu au sud-ouest; du côté du sud elle est limitée par le milieu de la ceinture que forme la longue proéminence qu'on appelle l'*Ermitage-du-Sauveur*, autrement dite *Mont des Canteroni*, et le troisième côté, moins élevé que les autres, dirigé vers le sud, se joint à l'Atrio-del-Cavallo. Dans son fond s'élevaient deux collines appelées *Cognuoli*, à cause de leur forme, l'une est le *Cognuolo lungo*, et l'autre, plus petite, au midi de la précédente, est appelée *Cognuolo chiotto* ou *Cognuolo piccolo*. C'est entre le Cognuolo lungo et le prolongement du mont Somma qu'avait passé la lave de 1785, qui détruisit en grande partie la chapelle de la madone de la *Vetrana;* entre les deux Cognuoli et entre le mont des Canteroni et le Cognuolo piccolo avaient couru deux rameaux de lave de 1820, qui s'étaient rejoints au delà du Cognuolo piccolo. La lave récente sortant de l'Atrio, tomba dans la vallée qui fait suite entre les deux Cognuoli, où, rencontrant un barrage vertical d'une roche composée de tuf, elle forma une cascade, spectacle magnifique, eu égard à l'étendue du torrent et à son éclat, augmenté par l'approche de la nuit. Elle était encore d'une surprenante magnificence vue de Naples, où le silence et la tranquillité du volcan ne faisaient pas supposer une aussi grande quantité de matières enflammées; cette clarté, apparue depuis que le soleil était couché, surpassait de beaucoup la clarté de la pleine lune dans un ciel serein. Les premiers dégorgements précipités rejaillissaient et s'amoncelaient les uns sur les autres, formant comme un gigantesque talus, qui, par de nouvelles additions, continua de s'agrandir après que le torrent eut repris son chemin; on vit la lave, dans les jours suivants, surmonter et couvrir la majeure partie du Cognuolo piccolo, s'élevant au-dessus de lui, autant qu'on en put juger, de 5 mètres à peu près.

L'accumulation de la lave à travers le deux Cognuoli avait pour effet de retarder la course, quoique l'inclinaison du sol, devenue plus grande, semblât devoir l'accélérer. Aussi, pour joindre les croupes de l'Observatoire à une distance de la cascade d'un peu plus d'un demimille, le torrent employa environ neuf heures et demie, cheminant par les sinuosités du fossé de la Vetrana, et parcourant en six heures un espace à peu près égal à la distance de la cascade à l'Observatoire; arrivant alors sur le nouveau précipice qui marque la limite entre le grand abîme de la Vetrana et l'autre plus resserré et plus profond, qui fait suite, appelé vulgairement le *fossé de Faraon*, il se précipita dans celui-ci.

La lave de 1855 a complétement changé la configuration qu'avait faite à ces lieux la lave de 1785 depuis longtemps refroidie; on la vit courir sur celle-ci dans le fossé de Faraon jusqu'au soir du 5, et s'arrêter dans la nuit suivante, à une distance assez courte de Saint-

Sébastien et de Massa-di-Somma, dont les habitants, d'abord très-effrayés, se crurent sauvés comme par miracle. En effet, le 6, vers 10 heures du matin, le fleuve était immobile et même durci à son extrémité antérieure. Cependant, comme nous le verrons bientôt, la source du torrent enflammé n'était pas encore tarie; mais revenons au lieu d'où émanait la cause de la dévastation.

Pendant tout le jour du 1er mai, la cime du mont Somma et le Vésuve étaient, pour Naples, cachés par la fumée. Au commencement de la nuit, l'éclipse durait encore, à cette différence près que les matériaux enflammés de l'Atrio-del-Cavallo donnaient une lueur qui perçait au travers de la fumée; toutefois on n'entendait plus ces déflagrations, ces détonations qui accompagnent d'ordinaire les éruptions violentes. Vers 9 heures du soir, la fumée commença de se dissiper, et, à 11 heures, outre qu'on voyait distinctement le torrent enflammé qui suivait la pente du grand cône, on apercevait tout entière la masse sombre du mont Somma. Après le milieu de la nuit, par un ciel serein, le spectacle des ardeurs du volcan se montra plus splendide, favorisé qu'il était par une éclipse de lune. La fumée, plus rare encore, laissait voir plus distinct le contour du mont vésuvien à 1 heure du matin. Enfin, à 6 heures du matin du 2 mai, on ne voyait plus s'échapper aucun tourbillon de fumée. L'incendie donc semblait diminuer, mais à 9 heures les petits cônes exhalèrent une fumée plus dense, dont l'abondance s'accrut jusqu'à 7 heures du soir, heure à laquelle les sommets furent de nouveau masqués. A 10 heures le Vésuve réapparaissait comme assombri par de rares nuages de fumée, qui couronnèrent la cime pendant le reste de la nuit et pendant toute la journée du 3. Le 4 et le 5, les cimes furent encore voilées chaque matin, non par la fumée, mais par des nuages de vapeurs atmosphériques, qui se dissipaient dans l'après-midi.

Le 6, l'incendie se montrait magnifique à l'Atrio-del-Cavallo. Le courant, descendant d'une ouverture située près du sommet, offrait dans toute sa longueur, même dans la partie qui courait par l'Atrio, une série de points ou de lieux d'où s'échappait une fumée tourbillonnante et embrasée. La fumée émanait d'une suite de petits cônes actifs, disposés sur la pente arénacée du Vésuve, le long de la ligne que formait le courant de la lave. On présuma que le précipice, plus large et plus profond que les autres, d'où sortait cette lave, situé à 50 mètres à peu près du sommet, s'était formé dans la nuit du 5 au 6. Dans cette nuit, en effet, on avait entendu de l'Observatoire, une forte rumeur, qui ressemblait aux coups alternés de deux béliers qui battraient une muraille. Toutefois ces coups sourds cessaient de temps en temps, mais ne tardaient pas à se reproduire, avec quelques modifications cependant.

La solidification de la lave en face du pont de Massa-di-Somma, dans la journée du 5 et pendant la nuit suivante, faisait espérer, avons-nous dit, que Saint-Sébastien et Massa n'avaient plus rien à craindre; mais dans le matin du 6, le torrent devint abondant et impétueux à partir de la source. Vers 3 heures du soir le fleuve ardent avait déjà dépassé le fossé de la Vetrana et courait au travers de celui de Faraon. Bientôt le courant, refroidi le 5, fut ravivé, reprit sa marche suspendue, et vers midi du 7, le pont et quelques maisons voisines de Massa et de Saint-Sébastien étaient envahis. Les habitants de ces villages, de nouveau effrayés, et avec raison, se mirent à déménager et à transporter assez loin ce qu'ils désiraient le plus sauver de l'imminente destruction. Heureusement le mal ne fut pas aussi grand qu'on avait pu le craindre. Le torrent de feu traversa le pont et s'engagea dans le *Lagno* — lit artificiel creusé pour servir de débouché aux eaux du vaste canal appelé *fossé de Pharaon*. — Le Lagno de Massa ayant été bientôt comblé, la lave se jeta, par-ci par-là, sur les terres cultivées, et dès le 8 avait envahi un espace assez considérable de la campagne voisine. Quoique le courant continuât de s'avancer jusqu'au 11, il marchait si lentement qu'il ne dépassa Massa que de trois quarts de mille et s'arrêta à un demi-mille de la Cercola. Ici, l'on avait précipitamment abattu le pont, mais la précaution fut rendue inutile, à raison de ce que le courant, comme nous venons de le dire, s'arrêta avant d'y arriver.

Parmi les rivières enflammées qui concouraient à alimenter le fleuve dont il vient d'être question, l'une, bien plus menaçante que les autres, était venue, vers 8 heures du matin, le 9, se heurter contre le pli de terrain qui porte l'Observatoire. Il s'exhalait de ce torrent une fumée si abondante et si noire, qu'on pouvait au travers regarder le soleil, sans en être plus incommodé que de la lumière de la lune. Après avoir parcouru le fossé de la Vetrana et s'être déversé, comme les autres, dans celui de Pharaon, ce torrent jeta à gauche et vers l'ouest, une branche qui parcourut les terres d'Apicello. Cette diversion, qui se fit le 9 vers 5 heures du soir, est probablement l'événement auquel Massa et Saint-Sébastien doivent de n'avoir pas été détruites. Ce torrent jeta dans son parcours de petites branches latérales dans les dépressions du terrain, et causa de grands dommages aux cultures. Après s'être ralenti dans la journée du 10, et avoir repris, le soir du même jour, une vigueur nouvelle, le courant principal se trouvait à deux tiers de mille de son origine, menaçant San-Giorgio de Cremano, tout en ayant continué de causer des dommages aux cultures qui avoisinent les habitations. Dans les jours suivants, sa marche fut plus sage, et, le 13, il était à environ 150 mètres de la chapelle de Nocerino. Le 14, le 15 et le 16, sa marche se fit avec tant de lenteur, que c'était à peine si on pouvait ne pas le regarder comme arrivé à la limite de son mouvement; la matière incandescente, montrant ses lueurs par les crevasses de la masse déjà noire et refroidie, sortait par ces crevasses en s'avançant par-ci par-là de quelques mètres. La longueur de ce rameau, depuis sa sortie du fossé de Pharaon était de près de 2 milles; la branche dirigée vers Cercola n'avait pas beaucoup plus de longueur à partir du même point, qui était celui de leur séparation. Bien que les extrémités de ces laves fussent immobiles, la source, cependant, n'était pas tarie, car la durée de l'éruption fut de 27 jours; mais les nouvelles laves coulantes ne faisaient que courir sur les précédentes déjà refroidies, où elles se refroidissaient elles-mêmes et augmentaient la masse des matériaux.

Indépendamment des deux longs rameaux dont nous avons parlé, qui se sont dirigés, l'un vers la Cercola, l'autre vers San-Giorgio, on peut en distinguer un troisième, qui, parti d'un point du cours principal, au nord de l'Observatoire, s'est dirigé à droite, par l'Atrio-del-

Cavallo, vers les laves de 1850. Arrêté par une ondulation du terrain, ce ruisseau de laves vint terminer son cours à 100 mètres à peu près du lieu où le torrent embrasé de 1850 est arrivé dans l'Atrio.

Citons quelques-unes des principales observations faites pendant cette mémorable éruption.

On a cru remarquer de l'Observatoire qu'il y avait chaque jour deux périodes d'accroissement dans l'activité du volcan : l'une le matin, l'autre le soir, à 12 heures environ d'intervalle, avec des retards d'une heure à peu près par 24 heures. C'est ainsi que l'accroissement d'activité s'étant fait à 5 heures le 6 mai, celui du 13 n'eut lieu que vers les 11 heures. Les accroissements d'activité du soir venaient sensiblement 12 heures après ceux du matin. L'observation dont il s'agit a été faite du 1er au 19 mai et mérite la plus sérieuse attention. N'y a-t-il pas là, en effet, un rapprochement à faire avec les périodes des marées neptuniennes? L'attraction lunaire aurait-elle son influence dans la marche des phénomènes volcaniques? Une remarque semblable se lit d'ailleurs dans Hamilton, à propos de l'éruption de 1779, car, dit l'historien anglais de cette éruption, il est accrédité dans le pays qu'il y a eu deux paroxysmes journaliers du volcan, l'un vers midi, l'autre vers minuit. Il serait bon, nous le répétons, que les observateurs de l'avenir portassent leur attention à vérifier ce fait et surtout à préciser autant que possible la constance ou la variation des heures auxquelles les paroxysmes se manifestent chaque jour. Il en résulterait une donnée précieuse pour l'explication des faits du volcan ou plutôt des volcans en général.

MM. Palmieri et Sainte-Claire Deville ont fait des

expériences dans le but d'arriver à connaître la température des laves. De leurs essais variés ces savants ont cru pouvoir conclure que la température de la lave à la surface est capable de ramollir non-seulement le cuivre et l'argent, mais le fer même, c'est-à-dire qu'elle est de 700 degrés à peu près. Quant à la température à une certaine profondeur, on a peu d'espoir d'arriver à la préciser, parce qu'il est extrêmement difficile, sinon impossible, de faire pénétrer dans cette matière des substances propres à donner cette mesure. Mais la très-haute température de ce liquide *pâteux* est indiquée par la nature des substances gazeuses qui en émanent, par les silicates cristallisés qu'on trouve dans la lave refroidie, par les altérations que subissent les roches qui ont été touchées par un courant lavique, par l'état cristallin de certains métaux accidentellement englobés par la masse coulante etc.

Quant à la vitesse des courants, elle est tout naturellement très-variable; car elle dépend de la pente du terrain, du degré de fluidité, de l'abondance de la source et de beaucoup de circonstances particulières. Ainsi M. Palmieri, sur une pente de 25 degrés, a trouvé une vitesse de 67 mètres à la minute, tandis que M. Deville avait trouvé au même lieu une vitesse beaucoup plus grande; le 1er mai, sur une pente de 30 degrés, la vitesse était 120 mètres, et le 8 au même lieu, elle était sensiblement la même, tandis que plus tard elle y était considérablement diminuée.

L'éruption de 1855 est remarquable surtout par son caractère de quasi-tranquillité; aussi elle ne pouvait manquer d'offrir des sublimations abondantes et variées. Toutefois les sublimations ont été plus abondantes vers la fin qu'au commencement de l'éruption : on s'en rend facilement compte par ceci que, lorsque la température est très-élevée, la précipitation se faisant loin du lieu de l'évaporation devient une véritable dispersion. Parmi les gaz émanés, les acides chlorhydrique et sulfureux sont ceux dont on est le plus frappé, à raison de l'odeur caractéristique de chacun, qui empêche de les confondre soit entre eux, soit avec d'autres. Aux premiers temps, c'était l'acide chlorhydrique qui dominait, tandis que vers la fin c'était l'acide sulfureux. On peut même dire avec M. Deville que les fumaroles dégagées de la lave, d'abord composées d'acide chlorhydrique, devenaient plus tard de l'acide sulfureux. Plus rarement, en quelques lieux, les exhalaisons avaient l'odeur du soufre en vapeur. M. Palmieri a trouvé, après l'éruption, des sublimations de soufre près de la base de la Punta-del Palo, là où, pendant sa plus grande activité, aucune vapeur sulfureuse ne se faisait sentir. Et aussi le 17 juin les laves qui avaient envahi le pont entre Massa et San Sebastiano, furent trouvées couvertes de soufre et de sel ammoniac, bien que lors de leur arrivée aucune odeur ne trahît la présence de ces corps. Quelques-unes des tardives fumaroles qui causèrent ces sublimations avaient la propriété de brunir l'acétate de plomb. Les plus abondantes sources gazeuses se montraient accompagnées d'une fumée blanche, impétueusement tourbillonnante, se rassemblant en masses sphéroïdales; mais d'ordinaire l'émission se faisait avec tranquillité. Quelquefois ces gaz étaient mêlés de vapeurs aqueuses; d'autres fois ils étaient secs et alors formés en très-grande partie de chlorure de sodium et de potassium. C'est à l'une des substances qui viennent d'être nommées qu'on doit attribuer ces spirales d'apparence de fumée blanchâtre qui, même deux mois après leur émission, s'échappaient des laves consolidées, laissant à la surface refroidie des dépôts blanchâtres en forme de croûtes cristallines. Les scories d'abord noirâtres ont passé successivement au blanc sale, au jaune, au vert, changements de coloration dus et à l'altération des dépôts superficiels et aux réactions chimiques survenues dans l'exposition à l'air et à l'humidité des matériaux épanchés.

Les exhalaisons d'acide carbonique, vulgairement appelées *mofettes*, n'ont pas plus manqué à la fin de cette éruption qu'à la fin de toutes les autres. Les premières remarquées se montrèrent le 22 mai dans une cave d'une habitation voisine du vieux chemin du Vésuve, cave d'où sortirent à grand'peine, pour n'être pas asphyxiées, trois personnes qui y étaient descendues. Plus tard, et jusqu'au milieu de juillet, les mêmes dégagements du gaz méphitique se sont manifestés en beaucoup de lieux de la pente occidentale du mont. Puis, à en croire bon nombre de témoignages, à partir de la mi-juillet, l'eau augmenta beaucoup dans les puits de Résina et de Portici.

La lave, avons-nous dit, coula avec des abondances variables pendant les vingt-sept premiers jours de mai; aussi le 2 juin le volcan paraissait dans un calme complet, et de Naples on ne distinguait aucune émission de fumée. Plus tard, en juin même, en juillet et en août la fumée réapparut, et même à partir du 28 août elle fut plus abondante qu'elle ne l'est d'ordinaire dans les temps calmes. Nous ne parlerons que pour mémoire de certains bruits sourds à l'intérieur de la terre, et de petites secousses du sol, attribués, bruits et secousses, par M. Palmieri à des tassements de roches s'effondrant pour remplir des vides formés dans le sous-sol. Nous aurions pu aussi nous étendre sur les aspects fantasmagoriques variés que le volcan offrit aux observateurs qui l'examinaient de Naples, d'où beaucoup d'yeux étaient constamment dirigés de ce côté. Nous dirons en un mot que cette éruption a été pour les observateurs de Naples et des environs un spectacle réellement magique, surtout par les effets de lumière produits sur les dégagements gazeux et sur les apparences de fumée qui n'ont cessé de se manifester pendant toute la durée du phénomène.

Terminons par quelques généralités l'histoire de cette éruption de 1855. Des nombreuses mesures prises il résulte que la montagne n'a pas vomi moins de 17 millions de mètres cubes de lave! Quant aux dommages causés, on se rendrait compte qu'ils ont été considérables, à vue d'une carte détaillée des terres parcourues par les courants; car on y verrait que toutes ces surfaces sont abondamment couvertes d'habitations, de cultures, de bois. Cependant on a estimé à 35,000 ducats seulement la perte causée aux intérêts matériels des habitants, tant dans les cultures que par les dégradations des bâtiments.

Quant à l'impression causée sur les hommes, voici ce que nous apprennent les relations qui nous ont passé sous les yeux. A la première manifestation du fait, comme il n'était pas annoncé, les esprits ont été excités par la surprise et animés d'un sentiment général de curiosité. Ainsi toutes les classes de la société semblaient s'être donné rendez-vous sur la montagne, et une foule inaccoutumée y est accourue, la parcourant en tout sens et en toute direction. La satisfaction de la curiosité était d'ailleurs facilitée et excitée par un temps propice, par le caractère de tranquillité des phénomènes éruptifs, par la magnificence du fait, par la commodité de l'accès. Tous y venaient comme à une fête, apportant des figures affolées et se livrant à des gaîtés même excentriques; bien plus, quelques-uns, soit par défaut de prudence, soit pour afficher le mépris du danger, s'exposaient à de téméraires essais et à des amusements mal conseillés; et cela pouvait se remarquer tout le long du chemin parcouru par le torrent enflammé. Aussi l'autorité ne tarda pas à reconnaître qu'il lui fallait mettre des gardes pour prévenir des malheurs trop probables.

C'est surtout pendant la nuit que se faisait le plus grand concours de curieux. Alors en effet l'illumination due aux laves rendait le spectacle plus imposant; puis les curieux eux-mêmes, avec leurs milliers de flambeaux qui serpentaient sur la montagne, donnaient au Vésuve, vu de Naples, un aspect des plus pittoresques et des plus admirables. Et les mêmes personnes recommençaient plusieurs fois l'ascension. Dans les premiers jours, les groupes se portaient jusqu'à l'origine de la conflagration, à l'Atrio-del-Cavallo, d'où l'on pouvait jouir en effet du plus resplendissant spectacle, mais plus tard la curiosité un peu rassasiée ne portait les visiteurs que jusqu'à la hauteur d'où ils pouvaient voir le courant lavique. On comprend que les curieux, en foulant les terres cultivées, ajoutaient une perte à celle que causait l'éruption. Qu'on se rassure néanmoins sur cette cause d'aggravation : la générosité des amateurs du spectacle a dédommagé les cultivateurs qui en ont souffert, et le gouvernement napolitain est venu ajouter à cette générosité.

Phénomènes vésuviens de 1855 à 1859 et éruption de 1859.

(Historien : M. Palmieri.)

Avant de passer au récit de l'éruption qui suivit celle de mai et des mois suivants, en 1855, que nous venons de décrire d'après MM. Sacchi, Palmieri et Guarini, disons, en suivant pas à pas M. Palmieri, les phénomènes dignes de remarques qui se manifestèrent pendant quatre années d'un repos relatif jusqu'à 1859. C'est une série de bouches ouvertes au côté nord du cône qui avait fourni toute la lave de mai 1855; la cime n'avait eu qu'une part de mince importance dans le fait de l'éruption. Seulement on avait pu remarquer quelques signes d'un accroissement d'activité dans le gouffre ouvert le 14 décembre 1854. Notons en passant que l'apparition de ce gouffre semble avoir été le prélude de la formation de cette fente du cône qui cinq mois après donna le spectacle d'une énorme conflagration. Vers le milieu d'octobre, la région supérieure du cône, qui était restée presque indifférente pendant les bouleversements précédents, témoigna d'un accroissement visible d'activité par l'apparition d'un grand nombre de fumaroles, par des sublimations plus abondantes et par un dégagement non ordinaire de vapeurs chargées d'acides chlorhydrique et sulfureux. Étaient-ce, comme le voulait Sorrentino, dont l'enfance et la vie d'homme s'étaient passées à fréquenter la cime du mont, étaient-ce les signes précurseurs d'une éruption prochaine? Quoi qu'il en soit de la valeur de l'indice, un gouffre vaste et profond s'ouvrit le 19 décembre 1855, parmi les cratères produits et laissés par l'éruption de 1850. Presque immédiatement ce gouffre vomit au milieu d'un jet de fumée une abondante quantité d'un sable ou d'une espèce de *lapilli* noir. Puis le matin du 20 décembre la cime se trouva couverte de fleurs blanches de sulfate de chaux en aiguilles, comme s'il s'y fût formé du givre ou une gelée blanche. Alors, en se mettant au-dessus du vent, pour ne pas être trop gêné par la fumée, on put, en laissant tomber des pierres dans le gouffre, constater que le bruit de leur rencontre avec le fond n'arrivait à l'oreille que sept secondes environ après le commencement de leur chute.

La fumée sortait abondamment non-seulement du canal percé suivant l'axe, mais par beaucoup de fissures latérales qui produisirent des jets presque horizontaux autour du rebord. Depuis quelques jours il y avait eu à deux reprises une médiocre émission de cendres qui s'étaient abattues sur l'Observatoire. Dans une autre émission, au mois de janvier, les cendres parties vers Bosco-Reale couvrirent pendant la nuit les terrasses des maisons et y tuèrent un grand nombre de limaçons qui étaient venus y ramper. Une particularité digne de remarque, c'est que ces limaçons *momifiés* ou en apparence *pétrifiés* par la cendre qui les entourait, ressemblaient à de petits poissons. Quelques faits de même nature, dit M. Palmieri, ne seraient-ils pas le fondement de cette histoire accréditée que le Vésuve a vomi quelquefois des poissons? Ainsi ceux qui ont été trouvés par César Braccini, historien de l'éruption de 1631, n'auraient-ils pas été des limaçons?

La bouche du 19 décembre, située vers le milieu de

la hauteur du cône, non loin du cratère de 1839, lançait avec de la fumée, depuis l'instant de son apparition, des pierres à peine rougies qui même se montraient en noir au milieu de la fumée. Ces projections, qui ne se faisaient que de temps en temps, étaient accompagnées d'un bruit ou d'une détonation que renvoyait l'écho des roches de la Somma. Or quand on s'approchait avec précaution, on pouvait observer au fond du gouffre un *rond* rouge sombre de 2 à 3 mètres de diamètre, qui n'était que de la lave, dont le rouge devint plus tard de plus en plus vif.

Dans le courant de septembre 1856, une ouverture se fit au cratère oriental de 1850, et, quoique de dimension médiocre, elle lança une impétueuse colonne de fumée de couleur jaunâtre, quelquefois roussâtre, avec de petits fragments de lave qui peu à peu formèrent un monticule. A en juger par l'impétuosité du jet, la vapeur qui le formait avait une tension de 150 atmosphères *pour le moins*.

La bouche du 19 décembre ne tarda pas à rejeter, avec la fréquence de ses détonations habituelles, de nombreux fragments de laves, et enfin dans le mois d'octobre la lave commença à dégorger par les deux ouvertures et à monter dans chacun des deux gouffres qui d'abord ressemblèrent à deux lacs de feu à surface agitée, puis à des étangs de goudron noir, parce que la lave ne sortait que par intervalles et finit par se recouvrir de scories d'un rouge brun, plus ou moins contournées, mais formant une surface continue. La lave qui sortait ensuite brisait cette croûte en fragments irréguliers, qui nageaient sur la masse en fusion, s'élevant avec son niveau, et enfin les deux gouffres finirent par être entièrement remplis. Il est à noter que sur chacune de ces surfaces à niveau ascendant se forma, puis fut détruit à plusieurs reprises, un petit cône dû à l'accumulation, après leur chute, des fragments de laves projetés avec un simple bruissement. Mais lorsque les deux gouffres furent remplis, il se forma deux cônes de plus grande hauteur et qui persistèrent davantage. Pendant un certain temps les deux bouches dont il est question furent séparées l'une de l'autre par une crête de matières fragmentaires appartenant au cratère de 1850, ouvert de nouveau en septembre 1856, par le gouffre qu'occupèrent les deux lacs; mais la séparation s'effaça à la suite de la jonction des deux cônes, qui se soudèrent par leurs bases situées sur un même plan.

Les choses persistèrent dans cet état pendant toute la fin de 1856 et jusqu'à la fin d'avril 1857. Alors il y eut émission de cendres; puis le 1er mai le côté oriental du cône de 1850 fut déchiré d'une grande ouverture, qui laissa s'épancher de la lave. Toutefois cette lave n'était pas abondante et n'avait pas un cours continu; aussi elle se durcissait même avant d'atteindre le pied du cône; puis, la lave nouvellement émise se superposant à la précédente, il se formait sur la pente abrupte de singuliers amas et de curieuses protubérances. Cette lave était si tenace dans sa viscosité qu'on pouvait l'étirer en fils plus longs et plus solides que ceux du verre en fusion.

Ainsi, la lave émise par le cratère rempli de 1850, s'épandait toute sur le côté oriental du cône; celle qui plus tard fut produite par le gouffre du 19 décembre aussi rempli, s'étendit d'abord sur l'*Alto-Piano* du cône vers la *Punta-del-Palo*, combla le gouffre de 1854 et, sur le soir du 16 juillet, apparut vers le côté nord du cône, sur la ligne de la bouche de 1855, et continua de s'étendre vers le couchant jusqu'au 24 du même mois. Puis cette lave, ayant un peu outrepassé la base du cône, s'étendit quelque peu dans l'Atrio-del-Cavallo, laissant sur la pente du mont quelques accumulations à la suite les unes des autres.

Le gouffre de 1854, comblé et masqué par la lave du 16 juillet, depuis le 24, se rouvrit comme par enchantement, sans qu'il soit possible de dire si ce fut par un *abîmement* ou par une *explosion* ou par le concours des deux causes : la forme des fractures et la disposition des matériaux résultants pouvaient fournir des arguments à toutes ces hypothèses, mais cependant la dernière, celle du concours des deux genres de causes, paraît la plus probable.

Cependant la coulée de laves n'avait pas cessé le 24 juillet. Sortant par intermittence, les laves baignèrent de nouveau une grande partie du sommet du cône, remplirent une seconde fois le gouffre de 1854, couvriront la *Punta-del-Palo*, et, se déversant abondamment, suivirent la route de celles de 1850, s'étendirent dans l'Atrio-del-Cavallo et recouvrirent les cônes qui subsistaient depuis cette dernière éruption (1850). Alors que de la lave coulait sur la pente du cône, on n'en observait point à la cime, et il était possible de passer sur la lave solidifiée, mais chaude encore, sous laquelle l'écoulement se continuait. Seulement, par les fentes des scories rompues en quelques endroits, débouchaient de petits filets de lave pâteuse, sur laquelle il était facile de faire des essais; car là seulement on n'était pas gêné par la chaleur intolérable due au voisinage d'un courant un peu fort.

Lorsque le gouffre du 19 décembre achevait de se

remplir de flammes, on put voir, la nuit, dans son intérieur, près du rebord, des laves de couleur azurée, qui avaient l'odeur de l'acide sulfureux. Puis, quand pour la seconde fois, le liquide arriva jusqu'au sommet du cône, il se fit, sur les scories de nouvelle formation, de très-belles sublimations de soufre, dans des circonstances d'ailleurs analogues à celles où l'on avait observé déjà le même phénomène.

Après la formation du petit cône fixé sur la bouche du 29 décembre, au milieu des détonations, apparurent les globes de fumée observés déjà par Sorrentino et Della-Torre, dont nous avons parlé à propos d'éruptions antérieures. Ici encore, ces globes gris blanc, lancés dans les airs par le volcan, se transformaient en cercles et en anneaux qui tourbillonnaient et se maintenaient dans l'atmosphère avant d'être dispersés par le vent. Leur formation était souvent accompagnée d'étranges et curieuses rumeurs, qui rappelaient celles que l'on observe dans les tremblements de terre; mais il était impossible de reconnaître si ces bruits étaient aériens ou souterrains, bien qu'on les entendît de Résina et d'autres lieux environnants.

Cependant la lave avait repris depuis le 24 juillet son écoulement, non continu toutefois; il se passait par intervalle plusieurs jours sans qu'elle se montrât. Mais les deux cônes ne cessaient pas de lancer des fragments de lave avec plus ou moins de détonations au moins de la part de l'un d'eux. Le bruit n'arrivait à l'Observatoire vésuvien que huit minutes après l'apparition du phénomène lumineux, par une température de + 16°, ce qui donne 2720 mètres pour la distance de l'Observatoire au lieu où se faisait le travail volcanique.

L'écoulement lavique paraissait terminé vers la fin de septembre; mais dans la journée du 1er octobre, un courant parcourut en vingt minutes la distance de la cime à la base du cône, puis rejoignit dans l'Atrio-del-Cavallo la lave de 1855. Pendant les trois jours suivants, cette lave se mit à couler du côté est du cône, et ensuite, avec plus d'abondance, de l'occident à l'orient, en passant par le nord; aussi elle obstruait tout le chemin par lequel on va d'habitude visiter la cime du mont. La lave devint de moins en moins abondante jusqu'au 20, jour où, le matin même, l'activité volcanique ne se témoignait plus que par un peu de fumée, mais sans rumeur ni lave. Aussi le prince de Joinville et sa famille, faisant le soir de ce jour une visite au volcan, ne virent-ils pas le feu. Cependant, à peine étaient-ils revenus à l'Observatoire que la terre trembla, et que des pierres rougies furent lancées par le cône, au milieu d'une éclatante illumination. Cette éruption insolite fut suivie d'une émission peu importante de laves, et il se forma un cône de déjections sur la bouche du 19 décembre, qui, ayant atteint une hauteur de 30 mètres, fut en partie lancé dans les airs, et en partie abîmé dans les entrailles du mont.

Dans la matinée du 21 octobre, l'un des cônes formés dans la dernière éruption avait disparu sans que ce changement notable eût été signalé par une rumeur quelconque : au lieu de l'abîmement, on voyait sortir, sans impétuosité, une colonne de fumée de dimensions assez restreintes. Était-ce que la fin de l'éruption commencée le 19 novembre 1855 s'était terminée le 20 octobre 1857? Cependant le 22, à l'aube du jour, on entendit, de l'Observatoire, une nouvelle détonation; puis, dans la soirée du 23, le gouffre, substitué au cône, lança des laves, et un nouveau cône se forma au milieu de nuages de fumée vomis par trois ouvertures. A la fin de novembre, le cône nouvellement commencé était aussi complet que celui dont il tenait la place, et les laves disparues depuis le 20 octobre commencèrent à s'épancher, soit de la cime, soit de points de la pente de ce cône.

Dans la matinée du 12 décembre 1857, au milieu d'une détonation, le cône principal se fendit et donna lieu à deux cours de laves, l'un à l'est, l'autre à l'ouest, qui dépassèrent de peu la base du cône principal. Mais ces phénomènes ne furent pas suivis de ce à quoi ils semblaient préluder. Plus tard on n'eut à signaler que l'accroissement passager dans l'abondance de la fumée, et de temps à autre, de petites secousses du sol, dont la plupart n'étaient même constatées qu'à l'aide du sismographe établi par M. Palmieri, pour la constatation de ces sortes de faits.

Le 24 mai 1858, après deux jours de détonations, il se fit une secousse plus prononcée, médiocre cependant. Mais dans la matinée du 27, à 4 heures 17 minutes, une forte secousse ondulatoire du nord-est au sud-ouest, fut suivie immédiatement et même accompagnée d'une déchirure du volcan, qui s'ouvrit vers le milieu de la hauteur du cône, du côté du couchant; mais cette petite fente ne donna pas l'éjection de matières incandescentes ou fondues qui accompagnent ordinairement la formation d'une nouvelle bouche : la lave sortit tranquillement de l'ouverture et ne s'étendit pas loin, parce que l'alimentation ne fut pas suffisante. Mais pendant ce temps, il s'était ouvert une nouvelle fente au pied du cône, peu au-dessus de l'Atrio-del-Cavallo, du côté nord-nord-est : trois petits cônes s'y étaient alignés, dont on a pu détacher deux et les transporter à l'Observatoire vésuvien, où ils sont conservés. Bien que la source de lave eût de petites proportions apparentes, elle avait parcouru le soir la pente occidentale de l'Atrio-del-Cavallo, et s'était jetée dans la fosse de la Vetrana. Ainsi elle avait cheminé avec la vélocité de celle de 1855, sur laquelle elle passait au travers des embarras qu'y faisaient des accumulations de sables et de scories.

Pendant le matin du 28 mai, vers 4 heures et demie, apparaissait une ligne de fumaroles au bord du cône, vis-à-vis de l'Observatoire, au-dessus du Piano-del-Ginestre; puis une fente s'ouvrit suivant cette ligne. En moins de temps qu'il n'en faut pour le dire, cette fente fut remplie d'une lave qui ensuite se déversa et prit une allure de mouvement assez tranquille. Seulement de pas en pas on voyait se former au-dessus du courant de petits monticules ou des ampoules, qui crevaient en haut, laissaient échapper des vapeurs et s'affaissaient. C'était comme dans l'ébullition de la colle d'amidon, et, ce qui complète l'analogie, quelquefois les vapeurs s'échappaient avec bruit. Ce phénomène se répéta deux fois, et tout se composa d'une émission de lave qui avait parcouru un demi-mille (900 mètres). Il n'y avait pas eu de secousse, non plus que pour la formation, peu après, d'une nouvelle fente, un peu plus bas et plus au couchant, qui donna une lave coulante comme si c'eût été de l'eau. Le soir du 29 mai, on eut, de l'Observatoire et en face, le beau spectacle du fleuve d'un feu très-vif qui, par l'ancien chemin du Vésuve, se dirigeait vers la Fossa-Grande. M. Palmieri suivit, le 30, la droite de ce fleuve, de 20 palmes de large. S'étant assis sur une lave, non loin de la source, il admirait la tranquillité avec laquelle le liquide sortait du sol, quoiqu'il fût abondant; mais, tout à coup, de rapides bouillonnements se manifestèrent dans la *pâte*, lançant en l'air de petites masses de laves, qui se transformaient en lames ou en flocons offrant jusqu'à 1 mètre carré de superficie. Alors la fumée devint abondante, le bruit plus fort se changea en mugissements; les curieux, qui se trouvaient à une assez grande distance cependant, soit vers la Petite-Croix, soit à l'Ermitage, furent épouvantés et quelques-uns se tenaient pour morts, parce que la fumée leur avait fait perdre momentanément la vue. Force fut à M. Palmieri de s'éloigner pour éviter les chutes de lave, et il fut témoin d'une scène singulière. En moins de vingt minutes, il s'était formé successivement sur le courant trois cônes très-gracieux, dus à la superposition des fragments de laves tombés; le dernier, deux fois formé, fut deux fois détruit par le cours même de la lave qui le portait; mais une troisième fois la cause destructrice en laissa subsister une partie, qui nageait sur le fleuve. Au milieu des détonations de ces cônes, il s'en fit entendre une du côté de l'Atrio, à la cime de la montagne; c'est que, dans l'Atrio, s'ouvrait une nouvelle fente au nord, sur laquelle se formèrent encore trois cônes. Enfin, une dernière fente ouvrit le grand cône du côté de l'Orient et donna une quantité médiocre de lave.

Voici l'ordre d'apparition des gouffres ou des fentes:

La première, directement à l'ouest du cône central, sans cône adventice, avec peu de lave;

La deuxième, au nord-nord-ouest, avec trois petits cônes et beaucoup de lave;

La troisième, au sud-ouest, au-dessus de la plaine des Genêts, sans cône et avec peu de lave;

La quatrième, très-voisine de la précédente, avec trois cônes et la plus grande abondance de lave;

La cinquième, au nord, près de la bouche de 1855, avec trois cônes et beaucoup de laves;

La sixième, du côté est, sans cône et avec une quantité médiocre de lave.

De ces six fentes, la première et la sixième étaient à peu près à la moitié de la hauteur du cône principal, et les quatre autres à la base de ce cône.

Il y avait eu, dans l'éruption de 1850, une grande crevasse qui avait produit une énorme excavation dans le cône; mais, par compensation, les autres crevasses étaient très-petites, tandis que cette fois le cône parut criblé de tous côtés. L'incendie de 1850 s'était fait avec un fracas extraordinaire, quoique le cône ne se fendît que d'un côté; ici, si l'on excepte les *strépitements* du 30 mai, jamais on ne vit une aussi grande quantité de lave sortir du Vésuve avec aussi peu de bruit, au milieu d'une telle fumée. A raison du grand nombre des fentes, le vulgaire s'imaginait que le cône, ayant perdu sa solidité, s'écroulerait très-prochainement.

Les laves des fentes n°s 2 et 5 couvrirent au nord et à l'ouest l'Atrio del Cavallo, puis une partie se déversa dans la fosse de la Vetrana, allant jusqu'à l'entrée de celle de Faraon; une partie arriva, par la colline de la Petite-Croix, au travers des terrains cultivés ou sur d'autres laves plus anciennes. Mais la fente n° 4 fut la plus abondante et la plus dévastatrice. Brûlant la plaine des Genêts, elle arriva par trois courants à la Fossa-Grande, où elle se précipita en une cascade verticale de près de 100 mètres. D'abord, pendant cinq ou six minutes, il tomba avec un grand fracas une énorme quantité de pierres et de scories rouges; puis il se détacha des masses de matières pâteuses, d'un rouge vif, qui aussi tombèrent dans la dépression, et enfin le courant de lave continua de s'y abîmer.

La Fossa-Grande, précipice d'une grande profondeur, à parois presque verticales, creusé peut-être par les eaux dans le tuf, le sable et les lapilli de l'ancienne formation de la Somma, fut non-seulement comblée, mais en un lieu la lave débordait ou s'élevait plus haut que les bords. C'est par là qu'avaient passé les laves de la terrible éruption de 1631, ainsi que de celle de 1767, sans que l'une et l'autre eussent modifié beaucoup la profondeur de l'abîme. Les laves de 1631 s'étaient écoulées jusqu'à la mer, où elles se perdirent; celles de 1767, sorties de la bouche inférieure, s'étaient étendues beaucoup dans la basse plaine et arrêtées près de San-Giorgo-a-Cremano; mais celles dont nous venons de parler, parcoururent la Fossa-Grande, sans aller jusqu'à la campagne, se superposant les unes aux autres.

D'autres laves, issues d'un troisième point peu distant du foyer principal, se répandirent dans la Fossa-Grande, du 13 au 16 juin 1858, mais elles ne faisaient que courir sur les précédentes déjà refroidies, augmentant la hauteur de cette énorme masse; aussi vers la villa Fiorillo, elles se déversèrent sur le bord du fossé. La villa Fiorillo, qu'on croyait en un lieu sûr, fut ensevelie dans la lave; de la bergerie de Paroco-Gigli, il ne resta que le toit au-dessus des scories; deux autres petites maisons de campagne, l'une sous l'Observatoire, l'autre vers le *Vieux-Chemin*, furent entièrement détruites. Dans l'une d'elles, la lave se présenta liquide, sans scories, au devant de la porte : du bois il ne resta que de la cendre, et le fer, gonds et serrures, fut trouvé dans la lave, à peine oxydé. Une petite quantité du liquide de feu, pénétrant à l'intérieur, consuma les bois qui soutenaient le toit fait de lapilli, sans que celui-ci tombât, et les autres fers restèrent aussi à peu près intacts.

Le 25 juin, les indications données par le sismographe disaient, malgré d'autres apparences, que l'éruption n'était pas encore terminée; le lendemain, en effet, la quatrième et la cinquième fente se mirent à donner une lave plus abondante. Les laves de la bouche n° 4 allèrent à la Fossa-Vetrana jusqu'au 29, et cessèrent entièrement le lendemain.

Il n'en fut pas ainsi des laves issues de la fente n° 5. Le dernier de ses trois cônes, situé le plus bas, et détruit aux trois quarts, offrait l'apparence d'une tour quasi-ruinée, avec un pavé d'une seule pièce, de scories rouges et contournées. On voyait, par une fente de ce pavé, une lave rousse, coulante, qui pénétrait dans un grand amas de scories de même nature, un tas d'où s'échappait par un soupirail, à 60 mètres de distance, une fumée impétueuse et sifflante. Un peu plus loin, la lave, après s'être montrée à découvert, passait de nouveau sous des scories. Souvent les ouvertures par lesquelles la lave devait sortir d'un amas, ne pouvant suffire comme débouché, la lave s'élevait et sortait par des ouvertures plus élevées, qu'elle ne tardait pas à fermer en se solidifiant; de là le niveau devait s'élever davantage encore jusqu'à une autre issue. Il arrivait ainsi que le liquide brûlant sortait par le sommet et coulait sur les pentes de l'amas. Ces amas, s'ils étaient volumineux, prenaient ainsi l'apparence et la fonction de cônes d'éruption : il s'en formait, même à la suite des premiers, d'autres qui, cependant, en différaient par la forme arrondie en haut.

Au commencement de la formation de ces apparences de cône, par des scories refroidies et accumulées, l'éruption semblait toucher à sa fin, d'autant plus qu'elle avait duré déjà plus de deux mois; mais le volcan se préparait à une autre phase d'activité, qui durait encore en juillet 1859, et dont nous allons nous occuper.

Des trois cônes élevés au-dessus du niveau de la mer, de la même quantité que l'Observatoire, partait la série des monticules, hauts de 80 mètres, que la lave avait formés au travers de la colline où est l'Observatoire. La lave, dont la source semblait se tarir, commença, au contraire, à devenir plus abondante, et se répandit dans le vallon, sans abandonner sa façon de se disposer par amas consécutifs en forme de gradins. Aussi la lave, sous l'Observatoire, atteignit 50 mètres de hauteur, et se répandit sur la route carrossable, en février 1859; puis, s'étant de nouveau rendue dans Fossa-Grande, elle se déversa en partie dans *Rio capo*, en partie sur l'ancien chemin. Elle couvrit ainsi les collines cultivées et les maisons rurales au-dessous de l'Observatoire. Toujours il se formait des amas à la suite d'autres déjà formés, et on en voyait sortir de nombreux ruisseaux de feu. Il arrivait que les amas inférieurs masquaient les autres, de façon que quand les laves se déversaient dans Fossa-Grande, elles avaient marché pendant plus d'un mille complétement cachées. Aussi, le soir, le feu se voyait seulement dans Fossa-Grande sortant d'un monticule de scories, comme si le volcan se fût ouvert là. Les cônes ne donnaient plus de fumée; ils étaient, au contraire, comme d'habitude, moins chauds que les scories sur le chemin des laves.

Les laves à leur sortie coulaient, sans être surmontées de scories, mais recouvertes seulement d'une pellicule très-mince, uniforme et molle, qui, trouvant un obstacle, pouvait se plier, se contourner de toutes façons avec la plus grande facilité. La pellicule s'épaississait ensuite, tout en restant flexible; puis elle devenait rugueuse et contournée, sous l'effort de la matière fluide qu'elle recouvrait. Plus tard, la partie extérieure de la lave se durcissait, tandis que l'intérieur, encore liquide, coulait comme au travers d'un canal ou d'un aqueduc artificiel. Lorsque, diminuant d'abondance, la lave ne remplissait pas tout le canal, l'écoulement se continuait sans accident; mais si, par hasard, la quantité de liquide augmentait, les parois du canal se fissuraient ou se rompaient, et il se formait de petits courants latéraux ou des lacs de feu.

Loin de leur source, les laves se couvrent d'une croûte, qui devient continue, et dans laquelle le liquide coule encore comme l'eau dans un tuyau, mais alors cette croûte porte une couche de scories incohérentes qui ressemblent à un *gazonnement*. Cet effet commence à se produire lorsque l'enveloppe du liquide se fend, puis se divise en morceaux qui sont transportés audessus du courant et grandissent en route. Voilà pourquoi les laves ne se montrent pas sous leur forme primitive à une grande distance de la source : les unes sont tortillées, mais en masses; les autres en fragments amassés. D'un autre côté, elles ne se montrent pas toutes sous la même forme, ce qui dérive de ce que ce produit volcanique n'est pas toujours chimiquement ou physiquement homogène. Les laves de l'éruption actuelle ont eu un caractère pâteux, qui leur a fait prendre l'aspect d'une surface rugueuse, contournée, gibbeuse et comme gonflée ; à une grande distance de leur origine, rarement on en rencontrait qui se fussent divisées en fragments incohérents. Quand les laves sont plus propres à une certaine transformation, l'inclinaison du sol contribue ou à la favoriser, ou à l'empêcher ; ainsi c'est la forme en masses rugueuses, contournées, non fragmentaires, qu'affectent celles qui sortent de la cime ; mais, pour cette fois, les laves sorties du cône et demeurant comme encaissées dans les croûtes, marchaient lentement et s'accumulaient sur la pente rapide du cône en tas si considérables en hauteur, que la configuration et le profil du mont en étaient changés.

Revenons au cours des laves. Elles se portèrent de nouveau à Fossa-Grande, prenant le chemin de l'ancien courant ; mais elles avaient ce caractère qu'elles formèrent d'abord un tas qui dépassait dans sa hauteur celle du bord du précipice, puis, à la suite du premier tas, un second, et un suivant à la suite du second, et ainsi de suite. Ainsi, la Fossa-Grande, de nouveau parcourue en entier par la lave, se trouva non-seulement remplie, mais tellement comblée que, se déversant sur la rive opposée, la lave couvrit presque entièrement le chemin carrossable, la colline de *Tironi*, ainsi que les maisons rurales voisines. Donc, là où d'abord se trouvait un gouffre de plus de 100 mètres de profondeur, il y avait une colline à surface irrégulière et à crête dentelée, pleine de rugosités, de dépressions, de buttes, de crevasses et d'accidentations les plus capricieuses.

La Fossa-Grande, moins profonde dans sa partie inférieure, avait laissé la lave de la dernière éruption se déverser en grande quantité sur ses rives au travers des terrains cultivés et de quelques maisons de campagne; puis à la suite l'écoulement se fit dans le Rio-di-Quaglia (le ruisseau des cailles), où elle parcourut un court trajet, à cause de sa tendance à s'accroître en hauteur. A la vue de cette énorme quantité de monts laviques dispersés sur des pentes assez rapides, le géologue aurait été embarrassé de se faire une idée certaine de leur mode de formation. M. Palmieri ne se sent pas capable, dit-il, de l'exposer clairement.

Au mois de septembre 1859 encore, les laves continuaient à s'élever sur la berge de Rio-di-Quaglia, se divisant en ruisseaux qui parcouraient les scories; d'autres ruisseaux descendirent de la même manière sur le *Tironi*, se dispersant au travers des rigoles dues aux laves refroidies, qui s'étaient épanchées de la Fossa-Grande.

Si, dans ces dernières circonstances, il a fallu, à la lave d'une source peu abondante, une année pour parcourir ce que l'année précédente elle avait parcouru en quelques jours, cela tient à ce que l'abondance de la matière fait que la solidification est moins prompte et par suite la marche plus vite. Lorsque, au contraire, il y a production d'une petite quantité de lave, le refroidissement de celle qui s'est d'abord écoulée donne lieu à l'effet que nous avons décrit des accumulations en tas successifs. Ceci peut servir d'explication à ce fait rapporté que les laves de l'Etna ont pu marcher pendant dix ans. Sans doute, il y avait comme dans les cas dont nous venons de parler une source qui continuait à donner de la lave et à marcher sous les scories ou sous les laves déjà refroidies, sans que l'on pût l'apercevoir. On comprend aussi l'illusion qui pourrait tromper un visiteur à qui il arriverait de croire que des laves depuis longtemps sorties sont encore en mouvement.

Voici d'ailleurs une démonstration, ou si l'on veut, une vérification du fait due à l'observation de M. Palmieri. Sans que la lave se fût beaucoup accrue, elle avait rompu son canal en deux points, l'un très-près du cône, l'autre à 1 1/2 kilomètre, et le feu réapparut là où depuis longtemps on ne le voyait plus. Puis, l'abondance ayant diminué, on voyait par les deux fractures un fleuve de feu qui cheminait rapidement dans un canal trop large, avec une vitesse de 1 mètre au moins par seconde, sur une pente de 15°. Les deux ouvertures donnèrent de la fumée et se couvrirent d'abondantes sublimations qui, d'abord verdâtres, sont devenues blanc rougeâtre. Les laves donc sortaient de la base du cône, invisibles, et sans qu'il y eût là apparition de fumée, pour se glisser par leurs canaux naturellement formés, et se montrer plus loin au travers des scories sans qu'il y eût en réalité de bouche proprement dite.

Les descriptions que nous avons données de la formation des amas de scories en forme de cônes pourront préserver certains observateurs de prendre pour des cônes éruptifs des accumulations semblables.

Toutes les laves sorties des diverses bouches, en y comprenant celles qui se sont épanchées par la cime, forment plus de 120,000,000 de mètres cubes. 36,000,000 ont été produits par la fente encore active; et ainsi en supposant à la lave que produisit celle-ci une vitesse de 2 mètres par seconde, il faudrait attribuer à l'ouverture de la source plus de 6 mètres carrés de surface.

Éruption de 1861.

(HISTORIENS : M. L. Palmieri et relations diverses.)

Avant d'entrer dans le détail des faits qui relient la précédente éruption à celle de 1861 et dans le récit des événements qui caractérisent la dernière éruption, nous croyons devoir exposer les impressions de visiteurs modernes dans leur ascension au Vésuve. Ces impressions sont consignées dans plusieurs relations que nous avons eues sous les yeux : nous analysons.

Vu de Naples, le haut du Vésuve montre deux sommets, entre lesquels se creuse une vallée qui apparaît comme une ride noire et profonde : le sommet de gauche est le mont Somma, celui de droite est le volcan proprement dit. Ce dernier cache alors ou éclipse à l'œil une troisième tête, le mont d'Ottajano, séparé de la Somma par une vallée moins profonde que celle dont nous venons de parler, et dont elle est la continuation, en se dirigeant toutefois presque perpendiculairement à la première. Lorsque de Naples on longe le golfe, c'est-à-dire en se dirigeant à droite du côté de Portici et de Torre-del-Greco, on arrive bientôt à un point d'où se découvre Ottajano ; mais alors, comme nous le savons déjà, c'est le mont Somma qui est caché par la tête du volcan. Plus loin encore, le mont Vésuvien proprement dit masque tellement les deux autres têtes qu'il semblerait que le mont n'a qu'un seul sommet. Mais reprenons notre excursion.

On arrive de Naples à Portici, habituellement la première étape qu'on se propose, après une heure de voiturage ordinaire ou après vingt minutes de chemin de fer. Alors on est réellement au pied du mont dont l'ascension est nécessaire pour visiter le volcan. Mais on a besoin d'un guide, d'une monture : il faut faire choix de l'un et de l'autre. Le choix est difficile, dit-on, parmi les nombreux mendiants qui se donnent tous comme guides, parmi toutes les *rosses* qui sont offertes pour le service dont on a besoin; ou plutôt il n'y a pas à faire de choix; car, assurent certains touristes, ce qu'il y a de plus sûr, c'est, pour ainsi dire, de fermer les yeux et de s'en rapporter au hasard, qui dans le cas particulier est aussi bon conseiller que l'intelligence. Admettons qu'on a fait un choix d'après un mobile quelconque. On part.

Lorsqu'on quitte la ville de Portici, on se donne l'Ermitage pour but de la seconde étape. Déjà dans les faubourgs l'ascension commence. On quitte les faubourgs: les maisons, d'abord assez multipliées, deviennent de plus en plus rares. Au début ce sont, de chaque côté du chemin, des jardins soignés; puis ce sont d'autres jardins qu'on n'appelle ainsi que parce qu'on ne peut leur donner un autre nom, et qui alternent avec des champs de légumes ou des vignes. Par-ci par-là on aperçoit au travers de ces cultures de petites maisons assez blanches, de pauvre apparence, mal percées, solitaires, qui ont été construites pour servir d'habitations temporaires aux cultivateurs, ou de pied-à-terre aux amateurs de la vue du Vésuve.

Quant aux chemins *en eux-mêmes*, disons tout d'abord que les routes qui se sont présentées à la sortie de Naples, nombreuses, larges, belles, bien entretenues, et promettant, par l'admiration qu'elles inspirent, qu'on arriverait sans fatigue, disons que ces routes ne tiennent pas ce qu'on croyait pouvoir en attendre. Que l'on ait pris celle-ci ou celle-là, on a fait à peine un certain nombre de lieues qu'on est forcé de reconnaître que les voies sont d'autant moins soignées, puis d'autant plus négligées que la distance à Naples augmente. Les voies du parcours dégénèrent successivement en routes médiocres, en chemins assez mauvais et fatigants à suivre, en sentiers à peine tracés, pénibles, presque impraticables; et enfin elles se perdent dans le terrain, où leur direction ne se distingue même plus que par un œil bien exercé.

Donc après la sortie de Portici, aux dalles taillées dans la lave et si magnifiques, dont sont faits les pavés des rues des villes vésuviennes, s'est substitué un cailloutis de scories laviques, liées par une pâte formée de cendres agglomérées, dont la main du temps, plus que celle de l'homme, a fait le sol de la route. Ces matériaux cependant sont assez mal consolidés pour qu'il ne se fasse pas sous les pieds des chevaux un déplacement mêlé d'un bruissement continuel. Aussi ces animaux choisissent la place où poser leurs pieds, sans se préoccuper des fatigues que donnent au cavalier ces perpétuelles hésitations. Ce sont les chevaux qui sont les maîtres; mais les cavaliers auraient tort et d'ailleurs essaieraient en vain de chercher à intervertir les rôles.

Peu à peu, à mesure que l'on monte, les jardins sont devenus plus rares, et bientôt il n'en est plus question; les vignes même, ces vignes qui donnent le célèbre *Lacryma Christi*, finissent aussi par disparaître du paysage environnant. Quant aux maisons, on conçoit qu'elles disparaissent avec les cultures; car l'homme ne bâtit guère sur un terrain qui est improductif. Les sols exclusivement laviques sur lesquels on arrive, sont en effet de la plus grande stérilité : il leur faut, pour être rendus propres à la végétation, les caresses, prolongées pendant des siècles, des rayons du soleil, jointes aux actions des causes atmosphériques. Aussi la *mer* de laves, de scories et de cendres où l'on arrive bientôt, offre l'aspect de la désolation et du désert : plus d'habitations, plus de passants, pas même des oiseaux dans les airs. On n'aperçoit çà et là que des restes de constructions indiquant que l'homme a été chassé de ces lieux par une convulsion du volcan; çà et là on distingue quelques arbres dont les tiges se sont fait jour par les fissures des laves, qui montrent des têtes rachitiques, mal venues, mal feuillées; puis encore ce sont de rares touffes d'herbe d'un vert malade, dures au toucher, dont le port général montre clairement qu'elles sont mal nourries, étant nées dans un milieu qui n'offre que de mauvaises conditions à leur vie.

Tel est l'aspect désolé qu'offrent les pentes du mont dans la partie qui regarde le golfe au-dessous du Piano ou de l'Atrio. Mais en revanche on a pour se dédommager le développement du panorama le plus splendide qui se puisse imaginer. Sur la droite, c'est Naples, c'est Portici, qui étalent la magnificence de leurs monuments et la luxueuse richesse végétale de leurs jardins et de leurs autres cultures; à gauche, c'est Castellamare et Sorrente avec leurs bouquets d'orangers, au milieu desquels ces villes semblent dormir, abritées par des montagnes à crêtes dentelées; plus à gauche encore, c'est Pompéi, la ville *momie*, dont on distingue la teinte rouge brique au milieu des débris amoncelés qui faisaient naguère son linceul; à ses pieds, en face de soi, on voit se déployer le golfe de Naples tout entier avec ses flots azurés, avec ses mille mouettes qui pêchent dans ses eaux, avec ses barques endormies, avec ses *vapeurs* qui le sillonnent d'écharpes grises, avec les dentelures si élégantes de ses rives, ses caps, ses promontoires, ses îles accidentées, les villes qui peuplent ses bords etc. etc.

Après un repos consacré à l'admiration de ces splendeurs, on se remet en marche, et bientôt, de lave en lave, on est arrivé à l'Ermitage ou à l'Observatoire, deux constructions qui se tiennent compagnie sur une colline. C'est comme un oasis au milieu de la stérilité du désert, c'est comme une île au milieu d'une mer dont les eaux sont de la lave durcie. La hauteur de ce sol l'a jusqu'à présent préservé du sort qu'ont fait aux terres environnantes les éruptions du passé; mais personne n'oserait affirmer que les catastrophes de l'avenir seront toujours impuissantes à l'envahir. Quoi qu'il en soit, l'Ermitage est une espèce d'hôtellerie où l'on peut s'arrêter et prendre des forces pour les fatigues qui vont suivre; l'Observatoire est un établissement où sont réunis, à la disposition d'un directeur, des appareils propres à l'observation des phénomèmes vésuviens.

A la rigueur on aurait pu se faire voiturer jusqu'à l'Ermitage; mais à partir de cette dernière station, il faut absolument se résigner à continuer l'ascension à dos d'âne, de mulet ou de cheval, si on ne veut terminer à pied. La pente est plus raide, le cailloutis est devenu plus irrégulier, et, sous les pas des chevaux, le chemin résonne comme s'il existait des cavités souterraines. Mais en une heure au plus on arrive à l'entrée de cette vallée que nous savons s'appeler l'Atrio-del-Cavallo, et l'on est au pied du cône volcanique proprement dit. On suit l'Atrio, le long de la base du cône, jusqu'à ce qu'on ait découvert un point où l'ascension paraisse praticable.

Jusqu'ici, à part les difficultés qu'ont créées par-ci par-là les déjections des nombreuses éruptions de tous les âges, ce n'était guère que la fatigue qu'on rencontre à franchir une montagne quelconque, accidentée de rochers; mais l'ascension du cône offre de bien autres difficultés, des difficultés qui lui sont toutes particulières. On est en effet en face d'une pente raide, où rien ne ressemble à un chemin ni même à un sentier, et cette pente n'a guère moins de un demi-kilomètre de longueur. Il est inutile d'ajouter qu'ici toute monture doit être abandonnée et que l'ascension peut se continuer seulement à pied. On regarde devant soi.

L'œil ne voit sur la pente que les sombres talus d'un amas gigantesque de cendres, de laves en gravier et en sable, de scories, d'éponges de fer, de fragments ayant toutes les formes raboteuses et irrégulières que l'on peut imaginer, sans rencontrer nulle part le plus petit végétal sur lequel la vue puisse se reposer. Tous ces matériaux sans adhérence glissent ou roulent les uns sur les autres sans le moindre effort; et dès lors, comme la pente est très-raide, l'ascension ne se fait pas sans qu'un grand nombre de fois on recule de deux pas, après avoir avancé d'un seul. La marche est plus embarrassée encore lorsque l'on est obligé de quitter les scories fragmentaires pour cheminer par les cendres : ici, au lieu de glisser en arrière, on enfonce jusqu'à mi-jambes, et plus, dans une espèce de sable très-fin et rougeâtre. Ce n'est qu'avec de grandes peines et de rudes efforts qu'on parvient à s'avancer, et encore le fait-on avec une lenteur extrême. Cependant, après une dépense considérable de courage et de persistance, en se faisant au besoin remorquer par un guide et pousser par un autre, on finit par atteindre le sommet, et l'on est au bord du cratère, de cette chaudière infernale que tant de fois nous avons décrite, et dont la forme intérieure varie presque constamment. On regarde sous ses pieds : on ne distingue le plus ordinairement qu'un nuage, d'aspect humide et d'un bleu sale, qui masque le fond ; puis, par-ci par-là, percent des portions verticales de la paroi, dont la surface toute rugueuse, abrupte et même souvent en surplomb, présente les caractères d'une perpétuelle calcination. Lorsque par hasard le vent du nord a pu balayer ou au moins dissiper en partie le voile qui cache d'habitude le fond, on aperçoit que celui-ci, plus rugueux encore que ses parois verticales, offre toutes les accidentations et toutes les sortes d'irrégularités que laissent le feu et la fumée après leur passage. On dirait du soufre, des minerais de fer, du salpêtre, de la chaux, du laitier vitreux ; c'est jaune, c'est citron, c'est gris, c'est roux, c'est noir, c'est de toutes les couleurs ; et le tout est fendu de crevasses lançant une fumée abondante et d'une odeur qui suffoque. On a pu même, dans des circonstances favorables et en recourant à tous les moyens préservatifs contre les chutes, descendre jusqu'au fond du gouffre et l'explorer ; c'est alors que, plongeant par les crevasses dans les entrailles du volcan, l'œil a pu y voir que la matière volcanique y est sans cesse bouillonnante, et que les éléments ne manqueront pas, vienne une prochaine éruption. D'ailleurs on n'a pas manqué de s'apercevoir plus tôt de l'existence des feux internes, à la chaleur du sol meuble, qui par endroits est assez forte pour être difficilement supportée. Puis, presque constamment, on voit du haut de l'ourlet des fumées blanchâtres, épaisses, qui sortent violemment des fissures du fond ou des cônes adventices; presque constamment on voit à intervalles des pierres ou du gravier ou des cendres lancés par les orifices béants des gouffres; puis aussi à chaque instant l'oreille perçoit un bruit sourd et prolongé, qui dit que le travail intérieur n'est pas arrêté, mais qu'il y a seulement trêve aux violences. Bien plus, avec un bon guide, on peut toujours, depuis du moins un grand nombre d'années, se procurer le spectacle de coulées de laves, en un point ou en un autre.

Reprenons maintenant notre récit.

Depuis l'éruption de 1855, où une fameuse coulée de lave a rempli plus que la moitié du grand vallon de la *Vetrana* et des ravins adjacents, jusqu'à l'époque où nous arrivons, l'activité du Vésuve n'a pour ainsi dire pas cessé de se manifester pendant un seul jour. Cependant les vingt-sept jours d'une coulée continuelle avaient donné lieu d'espérer un repos un peu prolongé. Or déjà le 19 décembre 1855, un gouffre s'ouvrait vers le milieu de la hauteur du cône, qui d'abord émit de la fumée et des lapilli, puis graduellement en vint à être *ignivome* pendant les années 1856 et 1857. Au milieu de détonations presque continuelles, par le gouffre et par la *réouverture* d'une des bouches de 1850, presque la moitié du cône fut rapidement couverte d'une lave nouvelle, dont l'excès se répandit même par l'Atrio. Ces bouches avaient cessé de donner de la lave, ou du moins n'en produisaient que quelques ruisselets, qui s'étendaient peu loin de la source, lorsqu'en mai 1858, s'en ouvrirent de nouvelles en grand nombre, vers la base du cône, d'où est sortie une quantité de lave à laquelle on peut à peine comparer celle de l'éruption de 1631. En effet, après diverses interruptions, après des alternatives de plus grande et de moindre abondance, l'émission de laves se refit plus active à la base du cône, en septembre 1859, et continua jusqu'en mars 1861. Seulement il y eut en mars 1860 un arrêt de huit jours, à la suite duquel la source se fit jour à 600 mètres plus haut que précédemment. Ainsi l'éruption singulière de 1858, dans laquelle se confond celle de 1859, est remarquable, surtout par ceci, que, pendant une durée de deux ans, elle a exercé ses ravages sur des campagnes étendues et fertiles, dont la plupart des récoltes ont été mises à néant.

Cependant, depuis plus de deux mois, sans que le gouffre eût cessé complétement d'être en ignition, l'ensemble des faits semblait indiquer une tendance au calme, lorsque les physiciens de l'Observatoire vésuvien constatèrent que la promesse était trompeuse. On approchait de l'époque anniversaire de l'éruption fameuse du 16 décembre 1631, dans laquelle, pour la première fois, avaient été détruites Torre-del-Greco, Résina, Portici etc. Le 5 et le 6 décembre 1861, les appareils établis pour ce genre de constatation montraient que le sol était animé de mouvements verticaux, et le 7, devenues assez fortes, ces secousses étaient accompagnées ou entremêlées de mouvements horizontaux. Le 8, vers midi, l'attention et l'épouvante furent excitées par une secousse assez violente pour être ressentie jusqu'à Naples. Dès lors, jusqu'à deux heures, à des intervalles de douze à quinze minutes, se succédèrent huit autres secousses, les unes vibratoires, les autres ondulatoires, dont le maximum d'intensité se manifesta en des lieux différents, comme si le centre d'ébranlement se fût déplacé. Une neuvième et dernière secousse fut suivie d'un calme anxieux, qui durait depuis trente minutes, lorsque, vers trois heures, les flancs du volcan s'ouvrirent au-dessous du Piane, à l'orient des bouches de 1794, à peu près à la moitié de la distance de Torre au Piane. C'était une fente dirigée de 70° vers l'est en partant du nord. On vit immédiatement jaillir de la déchirure un jet qui produisit ce fameux *pin* décrit par Pline et par d'autres historiens, pin qui s'élevait beaucoup plus haut que le sommet du volcan. Le jet produisait impétueusement et abondamment de la fumée, des cendres et des matières incandescentes, et le tout était accompagné des mugissements et des secousses ordinaires. Toutefois le vent, qui soufflait du nord-est, inclina bientôt et étendit le nuage formé dans la direction de la mer et en fit comme l'arche immense d'un pont qui aurait relié le volcan à l'île de Capri. Le nuage, de couleur sombre, devint bientôt assez dense pour arrêter complétement les rayons du soleil et faire une espèce de nuit sur les lieux qu'il couvrait comme d'un voile. C'est surtout à Torre-del-Greco que des ténèbres véritables anticipèrent d'une bonne heure sur la nuit réelle. Puis le nuage se mit à verser sur tous les pays qu'il recouvrait, cette pluie de cendres volcaniques, dont prennent un aspect brûlé tous les objets qu'elle recouvre. Cependant, dans cette circonstance, au lieu de la ténuité, de l'*impalpabilité* qu'on lui remarque ordinairement, la matière pulvériforme avait plutôt l'état granulaire ou sablonneux. Toutes les campagnes environnantes en étaient couvertes, et, jusqu'à Naples même, les rues en étaient sablées et colorées d'un noir roussâtre. Lorsqu'ensuite survint une petite pluie, la cendre, mêlée à l'eau atmosphérique, produisit ce phénomène bizarre d'une boue qui tombait du ciel et tachait les vêtements.

La déchirure du volcan, située du côté du sud-ouest, comme nous l'avons dit déjà, s'était faite à 1400 mètres environ de distance de la bouche de 1794 et à 1800 ou 1900 mètres environ de Torre-del-Greco. Pendant qu'elle lançait les matériaux de la pluie dont nous venons de parler, on vit bientôt, au milieu des flammes et des éclairs bleus qui en jaillissaient, se former et s'aligner le long de l'ouverture, un premier, puis un deuxième, puis successivement encore trois autres cratères. Le tout, fente et cratères, occupait des terrains cultivés et se trouvait même au-dessus de la maison d'un cultivateur, dont la famille eut le bonheur de se sauver, mais dont la maison et les terres furent ravagées par le feu. On rapporte que, très-peu de temps auparavant, la nourrice de l'enfant de François Donno, le propriétaire de l'habitation, s'était enfuie avec son nourrisson, pour avoir été *heureusement* effrayée par une sonnette qui s'était spontanément mise à s'agiter.

La fente, longue de près de 1 kilomètre, n'était

qu'une série de cratères éruptifs. Vers cinq heures seulement, quelques heures après la formation du premier des cônes dont nous avons parlé, de un ou de deux des cratères nouvellement formés commença à s'épancher un courant de lave et d'épaisses scories de textures particulières. Bientôt, au milieu de violentes détonations, l'épanchement lavique se fit par toutes les bouches, en même temps qu'il en était projeté à de grandes hauteurs des masses d'une matière en fusion qui, tournoyant dans l'air, prenaient la forme sphéroïdale ou plutôt la forme ellipsoïdale, forme d'où leur vient le nom de *bombes volcaniques*. Ces *projectiles* avaient d'ailleurs des dimensions qui variaient du petit au grand, et ils atteignaient des distances aussi très-diverses. M. l'abbé Julien Giordano, qui a mesuré la plus grande qu'il ait rencontrée à plus de 120 mètres du cratère d'où elle provenait, a trouvé 2 mètres au grand axe de la masse ovoïdale.

Nous avons parlé de détonations, comme faisant un accompagnement à l'émission de la lave : il eût été plus exact de dire que le bruit consistait en un mugissement tantôt sourd, tantôt résonnant, mais toujours horrible, qui portait l'effroi jusqu'à Naples même. Ce n'étaient pas ces tonnerres d'une artillerie puissante et rapprochée, qu'on avait entendus de la cité napolitaine, dans l'éruption de 1850, et même les grondements profonds, il est vrai, de 1861, n'eurent pas la continuité qui caractérisa ceux de l'éruption que nous venons de rappeler. Toutefois, au point de vue du bruit, le fait de la dernière année se distingue essentiellement de celui d'une année précédente, 1858, qui se passa pour ainsi dire au milieu du silence et sans tumulte.

Dès le début des phénomènes, les habitants de la Tour-du-Grec se sentirent fortement menacés, et nous verrons qu'ils ne se trompaient pas dans leurs conjectures. Aussi, déjà, dans la soirée du 8, la plupart abandonnèrent leurs maisons pour aller demander asile à Résina, à Naples, partout où ils avaient l'espoir d'être accueillis dans leur détresse. Qu'on se figure le désordre, la confusion, l'effarement de 20,000 personnes mises tout à coup en déroute, après soixante-sept ans de sécurité! Les routes étaient couvertes d'hommes, de femmes, d'enfants, de vieillards, de familles dispersées, dont les membres se cherchaient mutuellement au travers de la foule : c'étaient des pleurs, des cris, des hurlements, des convulsions d'une exaltation qui signale la première explosion d'une douleur italienne. Nous ne nous arrêterons pas à faire le tableau de cet immense déménagement, qui dura plusieurs jours; nous allons bientôt dire ce qui advint à la malheureuse cité.

Le torrent de lave, à la sortie du gouffre qui le vomissait, se précipita, au travers de la campagne, vers la partie est de Torre-del-Greco, vers l'espace situé entre le couvent des Capucines et l'église du Purgatoire. Plus développé dans le principe en hauteur qu'en largeur, son front gagnait dans cette dernière dimension, à mesure qu'il s'éloignait de la source, et finit par atteindre en ce sens un développement de près de 300 mètres. Sa marche, assez lente d'ailleurs, n'offrait pas de particularité inusitée; plutôt qu'un écoulement, c'était un éboulement progressif, en avant, des matériaux pâteux et scoriacés. Puis, il ne s'avançait pas d'une manière réellement continue, et l'on put même observer un assez grand nombre de temps d'arrêt plus ou moins courts. Aussi, à cinq heures du matin du 9, il n'était arrivé qu'à un demi-mille de son point de départ, et à onze heures il s'arrêtait à moins de 1 kilomètre des habitations, l'activité de la source ayant sensiblement diminué. Le torrent n'avait ainsi parcouru que la moitié de la distance qui devait l'amener à Torre-del-Greco.

Lorsque l'écoulement lavique était sur le point de cesser et à plus forte raison lorsqu'il eut cessé, les phénomènes avaient complétement changé de nature. Les conduits d'alimentation du torrent se trouvant sans doute obstrués, la violence des faits se transporta des ouvertures latérales à la bouche du cône supérieur. Aussi la cime, pour ainsi dire calme jusqu'au moment de cette obturation, se mit en conflagration : ce fut une fumée dense qui en sortit impétueusement; puis ce furent des cendres épaisses, des lapilli et des masses plus volumineuses de laves rougies, qui retombant roulaient jusqu'à la base du cône; puis encore tous ces faits d'activité se passaient au milieu de mugissements continus, avec accompagnement d'éclairs qui sillonnaient les nuages formés par la fumée.

L'obstruction des conduits souterrains, ou l'obstacle au dégagement de la matière liquide par les ouvertures qu'elle s'était faites, est sans doute la cause à laquelle Torre-del-Greco doit sa destruction, ou du moins on peut s'expliquer les faits en invoquant cette hypothèse. En effet, forcée de monter à un niveau beaucoup plus élevé, avant de s'épancher, la lave en ébullition qui remplissait les réservoirs d'alimentation, probablement situés au-dessous de la ville, a dû réagir sur les parois des cavités qui la contenaient, et de là un soulèvement, un gonflement du terrain supérieur. Aussi bientôt le sol des rues, des places publiques, des emplacements des maisons entra en des convulsions violentes ; puis encore il s'ouvrit bientôt, presque partout, en crevasses qui partageaient les édifices, en faisant des ruines immédiates ou leur causant des dommages qui obligeaient à les abattre. Les laves refroidies sur lesquelles la ville est en partie construite, qui forment le pavé naturel de la plupart de ses rues, les masses de cette substance, dont on avait fait des supports aux balcons, étaient coupées en deux avec une netteté qui aurait pu faire penser que la main de l'homme avait fait la section. C'est un fait dont aucune des éruptions antérieures n'avait offert l'exemple, du moins dans cette proportion.

Il n'y avait pas que le sol de la ville, on le comprend, qui ressèntît les effets dont nous venons de parler : dans toute la campagne environnante, de la grande fente à la mer, la terre était fendue. Tous ces nombreux crevassements du sol avaient une direction qui ne s'écartait pas sensiblement de la normale à la coupure des rivages du golfe dans le voisinage de la ville, ou tout au moins, si l'on fait abstraction de quelques cassures étoilées, la résultante des directions des fentes du terrain était sensiblement parallèle à la ligne des cratères récemment formés. L'effet produit semblerait indiquer que le canal d'alimentation de l'éruption, venant des régions sous-marines, passait dans le sous-sol de la ville pour s'élever vers le cratère principal. D'ailleurs la direction de ce courant souterrain était marquée dans la mer même par un bouillonnement des eaux, dû au dégagement des gaz volcaniques dans le trajet interne de la lave. Car la mer, à partir des rivages de Torre-del-Greco, jusqu'à une distance assez grande dans le golfe, présentait de nombreux points affectés d'une apparence d'ébullition et situés dans une direction opposée à celle du volcan.

Mais laissons de côté l'explication, et revenons aux faits. Les crevasses, de directions peu variées, offraient beaucoup de variété dans leur largeur, leur longueur et leur profondeur. Pour la largeur, elle n'était quelquefois perceptible que par une trace ou par une légère faille déterminée par le mouvement du terrain; d'autres fois l'ouverture restée béante offrait une fente dont les lèvres avaient jusqu'à 25 centimètres d'écartement au niveau du sol. On pouvait remarquer plus d'inégalité encore dans la longueur; car, si quelques-unes n'avaient que quelques dizaines de mètres, deux entre autres, partant de la rive du golfe, ont pu être suivies jusqu'au point où la lave s'était arrêtée. Enfin la profondeur de quelques-unes, en assez grand nombre, atteignait et dépassait, de quelques dizaines de mètres, celle de ces puits par lesquels certains propriétaires ont été chercher au-dessous de la lave, pour les mettre au-dessus, des terres propres à recevoir des cultures et surtout celle du raisin. Nous devons rappeler l'observation importante faite dans ces explorations, c'est que l'on éprouvait au fond de ces puits une sensation de chaleur qui accusait une élévation de température assez considérable. Il est regrettable toutefois qu'on n'en ait pas mesuré la valeur thermométrique et qu'on n'ait pas pris note des éléments propres à établir la loi de l'accroissement de la température avec la profondeur, dans ces circonstances exceptionnelles.

La ville de Torre-del-Greco, que nous avons vue tant de fois saccagée soit par la lave soit par la cendre soit par les désastres des tremblements de terre des éruptions antérieures, cette malheureuse ville a été dans la dernière éruption plus fortement ravagée encore, mais par une cause différente. On peut dire qu'il n'est rien resté de ces fabriques d'où elle expédiait des coraux à tous les pays, que rien n'est resté de ses édifices publics ou particuliers, si remarquables par leur coquette élégance et leur luxe de propreté. Des bâtiments restés debout, la plupart, pour ne pas dire tous, étaient tellement ébranlés et disloqués, que, comme nous l'avons dit, on a dû les abattre par mesure de prudente sûreté, et les 20,000 âmes qui font la population de Torre-del-Greco, ont dû se créer une ville neuve sur les débris de l'ancienne.

Les causes de la destruction diffèrent ici essentiellement de celles des malheurs précédents : la lave en effet n'a pas atteint la ville, la cendre ne lui aurait causé que des dommages facilement réparables, et les tremblements de terre n'ont pas eu l'intensité qui renverse les édifices. L'affreux désastre dont Torre a été victime, est dû presque exclusivement au soulèvement du sol, au gonflement de l'écorce superficielle comme par l'injection dans le sous-sol d'un torrent puissant de matériaux liquides ou pâteux. La terre a été soulevée depuis le rivage du golfe et au delà jusqu'au lieu où s'est manifesté le cratère accidentel. On a en effet observé un abaissement de $1^m,20$ du niveau de la mer sur ses rives; or nous savons que ce n'est pas la mer qui a pu s'abaisser et que ce n'est que la côte qui a pu s'exhausser de cette quantité. Dans la ville, parmi les bâtiments attaqués et fendus, il en est dont une partie inclinait d'un côté et l'autre du côté opposé; puis on a observé le même effet sur deux bâtiments différents, dont les murs inclinaient dans deux sens opposés, absolument comme si, dans l'un et dans l'autre cas, le terrain eût subi un soulèvement maximum suivant une ligne de séparation entre les deux parties inclinées ou abîmées. L'observation des fentes les a montrées toutes plus ouvertes en haut qu'au fond, effet qui ne s'explique que par un soulèvement, et dont ne rendrait certainement pas compte un affaissement, ni l'hypothèse qu'il y aurait eu affaissement ici et exhaussement ailleurs. Le territoire où est bâti Torre-del-Greco, a donc subi un soulèvement, et la valeur du mouvement est de 1 mètre à peu près, en moyenne. On conçoit dès lors que le sol a dû se disloquer et donner lieu à des pentes de terrain sur lesquelles l'équilibre des édifices a cessé d'être possible : de là cette catastrophe générale et la ruine à peu près universelle des constructions publiques ou particulières.

Le fait, déjà consigné dans l'histoire de quelques anciennes éruptions, que les phénomènes volcaniques donneraient lieu à des tempêtes électriques, à des éclairs et à des tonnerres atmosphériques, semble être mis hors de doute par les observations faites pendant la dernière éruption. Nous avons dit plus haut ces éclairs bleus, que l'on remarquait le 8 dans la région où s'est faite l'émission de lave, et au moment où le cratère s'ouvrait; mais c'est surtout dans la nuit du 9 au 10 et au sommet du cône même que les phénomènes électriques ont été le plus manifestement apparents. Pendant toute cette nuit, jusque vers six heures du matin, des éclats de tonnerre semblaient sortir du grand cratère, toutes les cinq ou toutes les dix minutes, et l'on voyait le nuage de cendres qui dominait le mont, traversé par des lignes de feu, tantôt rectilignes, tantôt *zigzaguées*. C'étaient, à peu de chose près, les mêmes effets que dans les décharges électriques entre deux nuages ou entre les nuages et la terre dans une tempête atmosphérique. Toutefois, comme aucune expérience tout à fait concluante n'a été faite encore, que nous sachions, dans le but de s'assurer que la cause des faits lumineux ou des bruits tonnants soit réellement l'électricité, il serait téméraire d'affirmer d'une manière absolue ce que nous ne donnons que comme une conjecture très-probable.

Assurément les débuts de l'éruption avaient des proportions qui pouvaient faire présumer une assez grande durée à l'incendie vésuvien; mais il n'en a pas été ainsi qu'on pouvait s'y attendre. Après deux jours, le 11 décembre, l'éruption était arrivée graduellement à son terme complet: la pluie de cendres, qui durait encore le matin, avait cessé le soir, et à peine quelques innocentes *fumaroles* indiquaient que le Vésuve est un volcan.

Tel a été, à quelques détails près, l'ensemble des faits les plus remarquables de l'éruption de 1861. Dans le cours de l'événement, beaucoup d'observations importantes ont été faites par des hommes spéciaux; elles concernent la météorologie, la physique terrestre, la minéralogie. Nous en réservons la plupart pour notre étude sur les *théories explicatives;* ici nous nous contenterons d'ajouter quelques traits qui aideront à caractériser la physionomie du fait qui vient de nous occuper.

Nous avons dit la terreur des habitants de Torre-del-Greco, terreur qui était justifiée et même excitée par la tradition des catastrophes du passé. Devant les menaces manifestées par les tremblements du sol, par les détonations furieuses du volcan, par l'abondance de cendre et de fumée dont l'air était sali, et surtout à la vue des abîmes entr'ouverts à peu de distance de leurs habitations et du torrent de feu qui se dirigeait vers leur ville, ces malheureux s'étaient enfuis de tous côtés, vers la Tour-de-l'Annonciade, à Castellamare, à Portici, à Naples et ailleurs. Et partout on faisait un accueil empressé à ceux qui avaient été contraints de déserter leurs foyers. Le général La Marmora, accouru sur le lieu du sinistre, s'était empressé d'organiser des moyens de transport, et par terre et par mer, pour sauver les personnes et, autant que possible, les choses les plus utiles. Aussi, heureusement, les crevasses du sol n'ont pas eu à engloutir de victimes humaines, et les édifices en s'écroulant n'ont pas eu à faire de mort d'hommes sous leurs ruines.

Nous avons dit déjà les dégagements gazeux observés soit dans les terres soit au travers des eaux. Cette éruption en effet se distingua par le grand nombre et la variété de ses mofettes. Dès le 10 décembre, la fontaine publique et quelques sources voisines de la mer avaient pris une plus grande abondance, et de l'acide carbonique s'échappait de leurs eaux en bulles volumineuses et multipliées qui venaient crever à la surface. En même temps des émanations gazeuses, probablement aussi d'acide carbonique, faisaient sur la mer des bouillons de 1/2 mètre de hauteur et mettaient à mort les poissons surpris par l'envahissement subit de cet air asphyxiant. Aussi des émanations non moins méphitiques imprégnaient les terrains des sous-sols et des sols, tuant les rats et les taupes d'une partie du territoire de Torre-del-Greco. Puis ces émanations arrivant dans l'atmosphère y faisaient mourir les colimaçons et d'autres animaux rampants. Six personnes même sont mortes asphyxiées dans des caves, avec quelques animaux domestiques qui les y avaient suivies.

En même temps qu'apparaissaient les sources gazeuses, apparition que l'on regarde comme l'indice de la fin d'une éruption, en même temps il se manifestait, dès le milieu de décembre, une élévation dans la température du sol et des eaux du territoire de Torre-del-Greco. En mettant en regard de la température observée en certains points cette loi que, avec la conductibilité des roches de ces sols, la température croîtrait en progression géométrique, lorsque la profondeur croît en progression arithmétique, on arriverait à cette conséquence que, entre Torre-del-Greco et la mer, la température des laves coulantes se serait rencontrée à 500 mètres au plus au-dessous de la surface. D'ailleurs la manière dont s'est propagée la chaleur dans les terrains superficiels, induirait à faire supposer qu'il y avait dans le sous-sol, assez loin de la bouche éruptive, une accumulation de matériaux liquides, de laves à température élevée. Peut-être est-ce là que se seraient accumulés les aliments de l'éruption lorsque l'ouverture d'écoulement s'est trouvée obstruée?

Les produits solides, résultant du travail des sublimations, ont été, dans cette éruption, les mêmes que dans les précédentes, ce sont des chlorures de sodium et de fer, du fer oligiste, de la *ténorite*, de l'acide borique, du sulfate de chaux, des composés de soufre, de manganèse, de plomb. Parmi les produits gazeux, on a reconnu, comme d'habitude, l'acide chlorhydrique, l'acide sulfureux, l'hydrogène sulfuré, l'acide carbonique, avec de la vapeur aqueuse. Mais c'est la première fois qu'on signale la présence de l'hydrogène carboné. Beaucoup de personnes dignes de foi ont affirmé en effet que les fluides émanés de certaines sources gazeuses avaient la propriété de prendre feu à l'approche de corps enflammés, ou quelquefois spontanément, et de plus la présence de carbures d'hydrogène a été établie par des analyses.

Un mot encore sur les mofettes, pour terminer ce qui a rapport à l'éruption de 1861. Il y a, aux environs du volcan, des mofettes *permanentes;* mais celles-ci n'émettent pas *toujours* un gaz irrespirable ou éteignant les corps en combustion. Ce sont, dans les circonstances ordinaires, des sources de gaz acide carbonique assez peu abondantes qui font que le mélange avec l'atmosphère n'a pas la double propriété d'asphyxier les animaux et d'éteindre les flammes. Mais ces mofettes permanentes deviennent d'ordinaire plus abondantes lorsqu'arrive la fin d'une assez forte éruption. Au début de l'apparition des mofettes nouvelles ou, ce qui revient au même, lorsque les mofettes permanentes se renforcent, l'acide carbonique est mélangé de substances gazeuses diverses : c'est de l'acide sulfureux, puis de l'acide chlorhydrique, quelquefois de l'hydrogène sulfuré, toujours avec un mélange à beaucoup de vapeur d'eau. Mais une particularité non observée jusqu'à ce jour caractérise les mofettes de 1861, c'est la présence de l'hydrogène carboné et la haute température de quelques-unes de ces sources gazeuses.

On a signalé, mais ce n'est pas pour la première fois, une odeur de pétrole, qui empestait les mofettes de la terre ou les eaux dans lesquelles se faisait l'émission. On a signalé aussi, et ce n'est pas rare, des sublimations de sel ammoniac bien cristallisé, dont une variété peu commune avait une couleur jaune cendré, comme les échantillons recueillis déjà en 1839 et en 1850. Que cette variété doive sa coloration à la présence de traces de chlorure de fer ou à une autre circonstance de mélange, nous ne voulons dire que ceci à propos du sel ammoniac, c'est que le Vésuve, par lui-même, n'en produit pas un atôme et que la présence de ce sel dans les émanations *laviques* n'est due qu'à sa formation dans le trajet des torrents embrasés au travers des terres cultivées. La conséquence que nous venons de formuler résulte surtout d'observations faites dans les années 1858, 1859, 1860 et 1861.

Enfin, là où l'air est tranquille, les mofettes présentent le matin un phénomène curieux: on voit apparaître, s'élevant à 60 centimètres au-dessus du sol, des nuages de formes gracieuses, dus à l'apparente fumée que forment les gaz de la source mélangés à la vapeur d'eau. Au lever du soleil ou par le vent, ces apparences sont dispersées et effacées. Le phénomène a été observé, pendant la dernière éruption, surtout dans un vaste jardin enceint de murailles, où l'on trouva beaucoup de limaçons tués, sans doute par asphyxie.

A la suite de cette éruption, jusqu'au 5 mai 1862, le directeur de l'Observatoire vésuvien n'a eu à enregistrer que les phénomènes ordinaires du Vésuve dans ses temps de calme relatif: quelques secousses légères de tremblement de terre, quelques émissions de cendre et de fumée par le cratère supérieur. Il a constaté que la température des mofettes a été s'abaissant, ainsi que celle de la terre et des eaux douces; que les bouillonnements des eaux de la mer ont éte aussi de plus en plus faibles, et que les poissons, qui avaient déserté les rivages, ont pu y revenir et y vivre comme dans le passé. Depuis lors jusqu'à l'époque où nous écrivons, rien ne s'est manifesté qui puisse être regardé comme une éruption, et ainsi nous devons terminer à la précédente l'histoire des éruptions du Vésuve jusqu'à nos jours.

BIBLIOTHÈQUE IMPÉRIALE
IMPR.

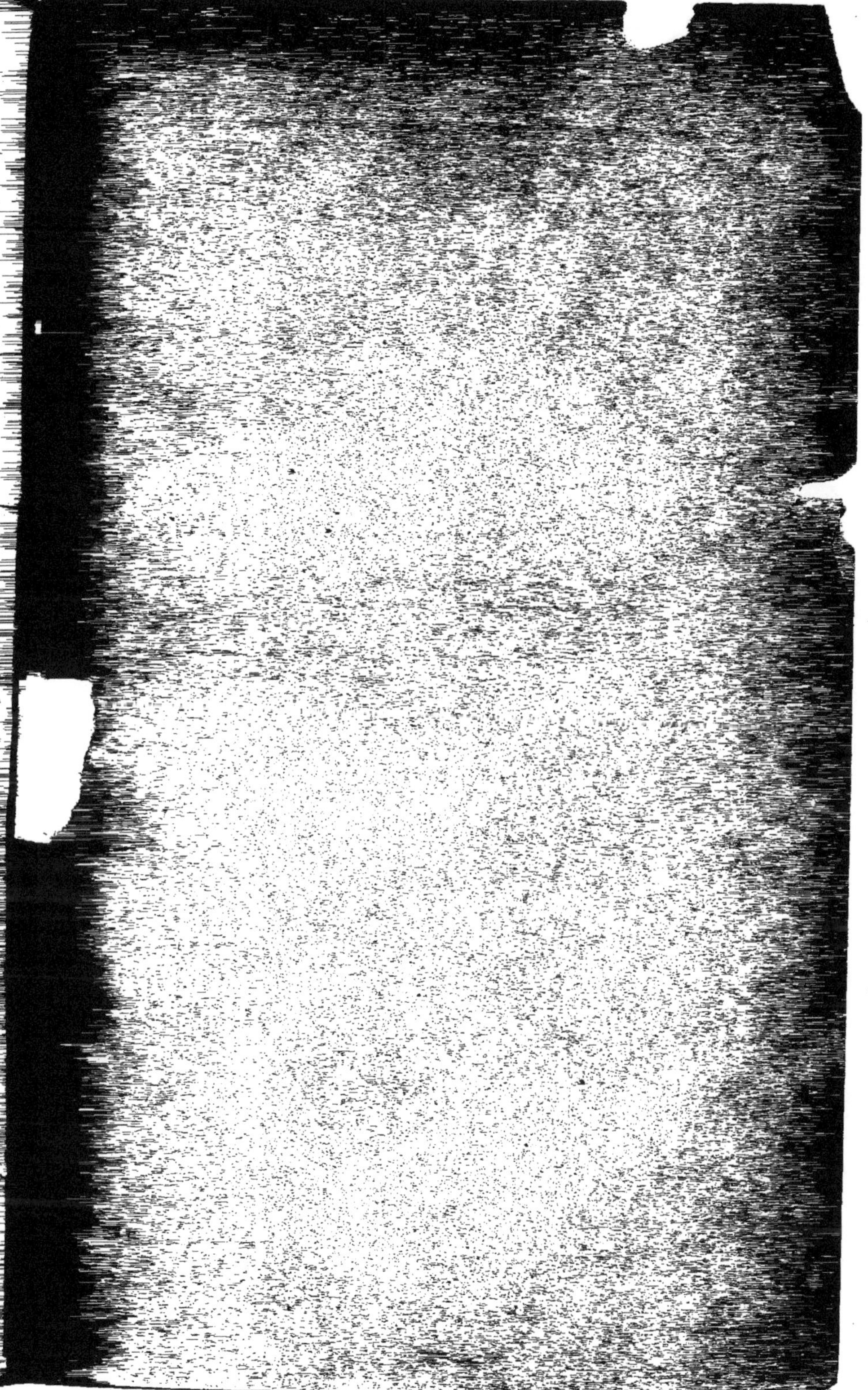

Ouvrages du même auteur.

CHEZ LES MÊMES LIBRAIRES :

TABLEAU GÉOLOGIQUE. Classification et définition minéralogique et paléontologique des terrains qui composent la portion connue de l'écorce solide du globe terrestre.

ESQUISSE D'UNE ÉTUDE SUR LES VARIATIONS DE LATITUDE ET DE CLIMAT dans la région française et sur leur cause.

ÉTUDE SUR LES MARÉES DE L'ÉCORCE SOLIDE DU GLOBE TERRESTRE.

ÉTUDE SUR LES DÉNIVELLATIONS SÉCULAIRES DES SOLS SUPERFICIELS, sur toute la surface de la terre.

HISTOIRE DES TREMBLEMENTS DE TERRE, ressentis en Alsace et dans le pays de BALE, précédée de généralités sur le phénomène.

Devant paraître prochainement :

ÉTUDE SUR LES TREMBLEMENTS DE TERRE.

ÉTUDE SUR LES VOLCANS.

ÉTUDE SUR LES CAUSES DES FAITS PLUTONIENS.

STRASBOURG, TYPOGRAPHIE G. SILBERMANN.

www.ingramcontent.com/pod-product-compliance
Ingram Content Group UK Ltd.
Pitfield, Milton Keynes, MK11 3LW, UK
UKHW021503230726
13924UKWH00012B/1960